CHRISTIAN KOCH | AXEL KROHN

UNSERE UNBEKANNTEN NACHBARN

DAS WUNDERSAME LEBEN DER TIERE IN DER STADT

riva PREMIUM

Bibliografische Information der Deutschen Nationalbibliothek:
Die Deutsche Nationalbibliothek verzeichnet diese Publikation in der Deutschen Nationalbibliografie. Detaillierte bibliografische Daten sind im Internet über http://d-nb.de abrufbar.

Für Fragen und Anregungen
info@rivaverlag.de

Originalausgabe
1. Auflage 2019

Nymphenburger Straße 86
D-80636 München
Tel.: 089 651285-0
Fax: 089 652096

Redaktion: Franz Leipold
Umschlaggestaltung: Laura Osswald
Umschlagabbildung: Getty Images/Marcello Zerletti - EyeEm
Satz: Digital Design, Eka Rost
Druck: Florjancic Tisk d.o.o., Slowenien
Printed in the EU

ISBN Print 978-3-7423-0792-7
ISBN E-Book (PDF) 978-3-7453-0406-0
ISBN E-Book (EPUB, Mobi) 978-3-7453-0407-7

Weitere Informationen zum Verlag finden Sie unter:

www.rivaverlag.de

Beachten Sie auch unsere weiteren Verlage unter www.m-vg.de

INHALT

VORWORT

Die Stadt lebt

Alfred Brehm war gerade einmal 18 Jahre alt, als er 1847 zu seiner ersten Afrikareise aufbrach. Fünf Jahre später kehrte der berühmteste deutsche Zoologe wieder zurück und hatte kistenweise tote und lebendige Tiere im Gepäck – darunter Pelikane, Affen und sogar eine zahme Löwin. Was heutzutage jeden Zöllner in Schnappatmung versetzen würde, war damals die Grundlage seines Werkes *Brehms Thierleben* – ein Buch, das den Forscher weltberühmt machen sollte.

Als wir 18 Jahre alt waren, türkten wir noch die Ergebnisse unserer Bakterienzählungen im Bio-Leistungskurs, büffelten die Mendelschen Vererbungsregeln und machten uns mit Darwins Evolutionstheorie vertraut. In *Brehms Thierleben* schmökerten wir ausschließlich zu unserem Privatvergnügen, da unsere Biologielehrer allesamt die Wissenschaftspolizei gerufen hätten, wenn wir den blumigen Ausführungen über die vermenschlichten Tierwesen Brehms Glauben geschenkt hätten. Der Igel ist bei ihm ein »drolliger Kauz und ein guter, furchtsamer Gesell, welcher sich ehrlich und redlich durchs Leben schlägt«, der Kauz hingegen hat ständig »schlechte Laune«, während die Fledermaus »gar nicht so dumm ist, wie sie aussieht«. Für Alfred Brehm waren Tiere eben auch nur Menschen. Und damals wie heute lassen sich viele Geheimnisse der Fauna besser verstehen, wenn wir den Tieren hier und da menschliche Züge zuschreiben. Das ist zwar nicht unbedingt wissenschaftlich, dafür aber sehr kurzweilig und durchaus inspirierend.

Eine Sache haben wir Alfred Brehm allerdings voraus. Es bedarf heutzutage keiner Expeditionen in die Wildnis fremder Kontinente, um die Hauptdarsteller unseres Buches zu erspähen. Oftmals reicht schon ein Blick aus dem Fenster, ein Gang durch den Park oder die nächtliche Observation einer Mülltonne, um mehr über das wundersame Leben unserer tierischen Nachbarn zu erfahren. Der urbane Lebensraum bildet ein Ökosystem, das immer mehr Wildtiere anzieht – nie zuvor war der Artenreichtum in unseren Städten so groß wie heute. Wir sind uns sicher: Alfred Brehm hätte seine wahre Freude an dem, was sich in unserer Zeit alles im städtischen Ballungsraum tummelt! Seien es Waschbären, die sich über die Mülltrennung der Stadtbewohner freuen, schlaue Spechte, die in Wärmedämmungen ihr Eigenheim zimmern, oder eingewanderte Nilgänse, die deutsche Schwimmbäder besetzen. Mensch und Tier teilen sich heute denselben Lebensraum und stellen sich hierbei zunehmend aufeinander ein. Ob Parkhaus, U-Bahn-Schacht oder Gewerbehallendach: Längst besiedeln »Stadtwildtiere« nicht mehr nur die vermeintlich tierfreundlichen Grünflächen wie Parks, Friedhöfe oder Gartenanlagen. Heute gibt es kaum einen Bereich in der Stadt, der nicht von unseren tierischen Nachbarn als Lebensraum genutzt wird. Die Tiere zeigen sich dabei äußerst anpassungsfähig und besiedeln als Kulturfolger immer mehr ökologische Nischen, die nicht durch Mutter Natur entstanden, sondern menschgemacht sind. Das Beeindruckende an dieser Entwicklung ist, dass die Tiere von sich aus kommen und die Großstadt nicht selten dem »grünen« Land vorziehen. In Zeiten von intensiver Landwirtschaft und großflächigen Monokulturen wird das Leben auf dem Land für Wildtiere zunehmend unattraktiv – wie anders stellen sich da die vielfältigen Nischen der Großstadt dar. »Je größer, desto wilder« lautet die Devise, und so ist es nicht verwunderlich, dass Berlin nicht nur die Stadt mit der höchsten menschlichen Bevölkerungszahl Deutschlands ist. Auch unter den Wildtieren ist Berlin unangefochtene Hauptstadt, allein 140 verschiedene Brutvogelarten sind hier heimisch – mehr als in den meisten offiziellen Naturschutzgebieten Deutschlands. Und die Tendenz ist weiter steigend.

Beim Menschen ist es mit Nachbarn ja immer so eine Sache: Die einen werden Freunde fürs Leben, die anderen sieht man so gut wie nie. Und wenn neue Nachbarn hinzukommen, fragt sich so mancher mit skeptischem Blick, was das wohl für Typen sind, die da ihre Umzugskartons in ihr neues Zuhause schleppen: wunderbare Mitbewohner, Trompetenspieler, Dauerduscher oder Treppenhausreinigungsverweigerer?

Bei den Tieren ist es ganz ähnlich. Manche unserer Nachbarn können mitunter ziemlich lästig werden, andere wiederum möchte man am liebsten ganz fest knuddeln. Dabei dürfen wir eines nie vergessen: Steinmarder, Eichhörnchen oder Austernfischer sind nicht als Haustiere zu uns gekommen. Unsere neuen Freunde bleiben wilde Tiere, die uns ein Stück Natur in die Stadt zurückbringen. Das Tolle daran: Wer an den richtigen Stellen schaut, kann die neue Wildnis der Stadt selbst erleben. Und wer weiß, was für bizarre Fähigkeiten manche Tiere haben, wird nie wieder Sachen sagen wie: »Ach, ist doch nur 'ne Blattlaus.« Neben den heimischen Tieren, über die wir oft erstaunlich wenig wissen, gibt es immer mehr zugezogene Arten, die unsere Städte für sich entdecken. Die Globalisierung ist längst auch im Tierreich angekommen – ob Krebse, die unbemerkt in Wassertanks großer Containerschiffe aus fernen Ländern einreisen, oder bewusst eingeführte Spezies, die plötzlich ein ungeplantes Eigenleben entwickeln: In unseren Städten ist tierisch was los – wobei wir Menschen oftmals nicht die leiseste Ahnung haben, welche Tiere sich in unserer unmittelbaren Umgebung tummeln.

Unser Vorschlag: Bevor Sie den nächsten Zoobesuch antreten, investieren Sie das Eintrittsgeld lieber in ein paar mitnahmefähige Snacks und legen Sie sich in einer lauschigen Industriebrache auf die Lauer – oder machen Sie es sich einfach auf einer ruhigen Parkbank gemütlich. Vielleicht zeigen sich dann ja einige der Gesellen, die sich auch in diesem Buch wiederfinden – passen Sie nur auf, dass Ihnen kein Waschbär Ihre Schnittchen mopst.

Vermutlich werden weitere Tiere dem Ruf ihrer Natur folgen, und es ist völlig offen, wie sich die Fauna in unseren Städten noch verändern wird. Wer hätte noch vor dreißig Jahren oder gar zu Alfred Brehms Zeiten gedacht, dass sich einmal Nilgänse, Waschbären und Wildschweine den urbanen Lebensraum teilen würden? Eine Entwicklung mit offenem Ende. Und genau wie in der menschlichen Nachbarschaft gilt auch für die Tierwelt: Man weiß nie so genau, wer als Nächstes kommt. Sicher ist jedoch: Hinter jeder Spezies verbirgt sich ein faszinierendes Wesen mit einer spannenden Geschichte.

Viel Freude beim Entdecken wünschen
Christian Koch und Axel Krohn

STEINMARDER

Einer ist keiner, zwei sind einer zu viel

Schon in der freien Natur zählt er nicht gerade zu den ruhigsten unter Gottes Geschöpfen. Im Gegenteil: Der Steinmarder flitzt über alles, schnüffelt an allem, verschwindet blitzschnell in engen Löchern und taucht urplötzlich im Geäst wieder auf – so schnell, dass man mehrere Marder dort vermutet, wo eigentlich nur einer wie irre durch die Gegend rast. Ein hyperaktiver Alleskönner und Allesfresser, für den unsere Stadtlandschaften wie gemacht sind. Mit seinen scharfen Zähnen fräst er sich durch fast alles hindurch, was ihn von einem gut gedämmten Dachboden trennt – sogar durch einen halben Meter Steinwolle oder mehrere Zentimeter dicke Holzbalken. Sobald der Steinmarder einen Bau unter dem Hausdach besiedelt hat, geht die Sauerei erst richtig los.

Dachschaden! Manche Steinmarder treiben Hausbesitzer in den Wahnsinn. Besonders gerne toben sich die Tiere in den leicht zerlegbaren Dämmmaterialien wie Steinwolle aus.

Mit Nahrungsresten, Kot und Urin markiert er seine mietfreie Liebeshöhle, bis ein lärm- oder geruchsempfindlicher Mensch den Messiemarder vertreibt und dieser sich ein neues Zuhause suchen muss. Ein tierischer Mietnomade, dessen Populationsdichte in der Stadt mehr als viermal so hoch ist wie auf dem Land.

Besonders schätzt der Marder vollgeparkte Straßenzüge, denn sie bieten mehr Verstecke als jeder Feldweg. Im – womöglich kuschelwarmen Motorraum – kann er blitzschnell verschwinden, um vor schreienden Kindern, Hunden, vorbeirasenden Autos oder Fahrrädern Reißaus zu nehmen. Ehrensache, dass solche Happy-Places vom Marder mit Kot und Urin ausgiebig als zu seinem Revier gehörig ge-

Car Sharing? Nicht mit dem Steinmarder! Er liebt Autos, hasst es aber, diese mit anderen Mardern teilen zu müssen.

kennzeichnet werden. Und genau hier beginnt das Problem, das die deutsche Versicherungsbranche jährlich rund 64 Millionen Euro kostet: Wittert ein Marder den Geruch eines männlichen Konkurrenten, wird das zappelige Tier erst recht nervös. Feinste Duftspuren reichen aus, um ihn komplett ausflippen zu lassen. Er beißt dann nahezu besinnungslos in alles, was nach einem Konkurrenten riecht, und das sind in vielen Fällen die Kabel und Plastikteile von geparkten Autos. Allerdings machen der Mensch und sein permanentes Mobilitätsbedürfnis das Ganze noch viel schlimmer. Wenn ein Stadtbewohner sein Auto, das vorher von einem Marder ausgiebig markiert wurde, in einem anderen Stadtviertel parkt, dann dringt er damit in ein anderes Marderrevier ein. Dem örtlichen Marder wird quasi ohne Vorwarnung und über Nacht eine motorisierte Duftbombe mitten ins Herz seines Revieres gepflanzt. Vor allem während der Paarungszeit im April oder Mai rastet das überraschte Männchen dann komplett aus und lässt seiner Beißwut und seinem Markierungsdrang mit Kot und

Urin in dem feindlichen Motorraum freien Lauf. Doch es kommt noch schlimmer: Kutschiert der ahnungslose Autofahrer seinen fremdmardermäßig parfümierten Kraftwagen wieder zurück nach Hause, wartet dort schon der eigene Haus- und Hofmarder. War dieser dem Auto seines menschlichen Mitbewohners bisher noch recht friedlich gesinnt, so wittert er jetzt den Duft des Fremdmarders, und das Spiel geht von vorne los. Wer also bei seiner Versicherung mal wieder das Feld »Marderschaden« angekreuzt oder bei Google die Wörter »Marder abknallen erlaubt?« einhämmert, dem sei gesagt: Für einen Marderschaden braucht es immer drei Parteien: einen Marder, der den Motorraum parfümiert, einen Marder, den das aufregt, und einen Menschen, der das dann merkt.

WIE MACHE ICH MEIN AUTO MARDERSICHER?

Vermeintliche Geheimwaffen wie Geruchsstoffe, Hundehaare oder WC-Steine sind langfristig wirkungslos. Auch Ultraschallgeräte erzielen keine nachhaltigen Effekte, außer auf den Kontostand der Produzenten. Experten raten zu Elektroschocks. Dabei werden im Motorraum Elektroden installiert und unter Strom gesetzt. Von dem leichten Stromschlag soll der Autoknabberer abgeschreckt werden. Die Installation von Elektroden und Steuergerät durch eine Fachwerkstatt kann allerdings mehrere Hundert Euro kosten.

MIT KIPPEN GEGEN ZECKEN

Wie Stadtvögel ihre Nester mit Zigarettenkippen schützen

Es ist ein typisches Bild im städtischen Frühjahr: Spatzen hüpfen vor Cafés und auf öffentlichen Plätzen über die Pflastersteine und picken mit ihren Schnäbeln nach Zigarettenstummeln. Was die wenigsten wissen: Das, was auf den ersten Blick wie eine traurige Szene aus dem Zusammenleben von Mensch und Tier anmutet, ist in Wirklichkeit ein geschickter Schachzug der kleinen Vögel. Als Kulturfolger haben sie sich perfekt auf das Leben in der Stadt eingestellt und wissen, wie sie menschliche Abfälle für ihre Zwecke nutzen können. Die Vögel picken nicht nach den Zigaretten, weil sie diese mit etwas Essbarem verwechseln. Sie nutzen die Kippen vielmehr, um damit ihre Nester auszupolstern. Amsel, Spatz und Co. zerpflücken die Stummel mit ihren Schnäbeln und bauen die Fasern der Filter geschickt zwischen den Zweigen ihrer Brutstätte ein. Forscher haben dieses Verhalten näher untersucht und dabei eine interessante Feststellung gemacht: Je mehr Kippen in ein Nest eingebaut werden, desto weniger Parasiten breiten sich darin aus. Die Erklärung liegt auf der Hand: Nikotin ist für viele Organismen ein starkes Gift. Nicht umsonst wehrt sich die Tabakpflanze (Gattung *Nicotiana*) mit Nikotin gegen pflanzensaftsaugende Insekten. Um festzustellen, ob sich die reduzierte Zahl von Milben, Zecken und anderen Parasiten in den Vogelnestern tatsächlich auf das Nikotin zurückführen lässt, das beim Rauchen im Filter zurückbleibt, führten Biologen weitere Experimente durch. So boten sie einer Milbenpopulation in einem Test zwei Behausungen zur Auswahl an: In dem einen Nest befanden sich Filter von gerauchten Zigaretten, in das andere bauten die Forscher Filter von nicht gerauchten Zigaretten ein. Das Ergebnis war eindeutig: Die Parasiten mieden die geräucherte Alternative und richteten sich im nikotinfreien Nest ein. Die Vögel profitieren von diesem Effekt und halten durch das Einbauen der Stummel in die Nester die Parasiten von ihren Jungvögeln fern. Was bisher nicht eindeutig geklärt werden konnte, ist die Frage, ob die Vögel die Kippen einsammeln, um ihr Nest angenehm flauschig auszugestalten, und die desinfizierende Wirkung als praktischen Nebeneffekt mitnehmen, oder ob die Zigarettenstummel bewusst gegen Zecken und andere Parasiten eingesetzt werden. Kurioserweise spricht einiges dafür, dass die Vögel die Gleichung »Zigarettenstummelverwendung = weniger Plagegeister« durchschaut haben und die Filter gezielt verwenden. Am Max-Planck-Institut für Ornithologie in Seewiesen hat man vergleichbare Verhaltensweisen verschiedener Vogelarten untersucht. Hierbei wurde in Bayern eine Starenkolonie beobachtet, die sich darauf spezialisiert hat, Pflanzen, die ätherische Öle und andere flüchtige Stoffe enthalten, als Nestmaterial zu verwenden. Ähnlich wie das Nikotin der Zigarettenstummel reduzieren die Ausdünstungen der Kräuter das Parasitenaufkommen in den Nestern. Die Beobachtungen von Staren belegen, dass die Vögel auf den Wiesen gezielt nach Pflanzen wie Holunder, Wiesenkerbel, Geißfuß, Bärenklau oder Schafgarbe suchen. Doch wie genau wirkt die bunte Kräutermischung auf Milben und andere Parasiten? Die Wissenschaftler vom Max-Planck-Institut übten sich im Bau von Nestern, die sie ihrer tierischen Zielgruppe unterjubelten. Die eine Hälfte der Nester bestand aus einer Mischung aus frischem und trockenem Gras, der anderen Hälfte mischte man rund 40 Gramm Kräuter unter – eben diese Kräuter, die Stare auch sonst zur Schädlingsabwehr sammeln. Alle Kräuterarten haben eines ge-

Die zerpflückten Zigarettenfilter werden zur Abwehr von Parasiten in das Nest eingewoben.

meinsam: Sie sind reich an pharmakologisch wirksamen, flüchtigen Stoffen, die Milben und Läusen ihr blutsaugendes Geschäft im Vogelnest verleiden. Das Ergebnis der Forscher sah allerdings nicht ganz so aus, wie man es hätte erwarten können. Die Kräuterkur hatte kaum einen Einfluss auf die krabbelnden Störenfriede, dafür aber auf die jungen Stare in den Nestern. Die Kräuternestinsassen waren nicht nur schwerer, man konnte bei ihnen auch eine höhere Konzentration an roten Blutkörperchen feststellen als bei den Starenjungen, die in den reinen Grasnestern hockten. Die Annahme der Wissenschaftler: Die Kräuter machen nicht die Schädlinge schwächer, sondern die Vögel stärker. Offenbar befördern manche Kräuter nicht nur die Produktion von roten Blutkörperchen, sondern auch die von Leukozyten, die für ein starkes Immunsystem sorgen und den Staren helfen, mit Stress umzugehen, der durch Temperatur, Nässe, mangelhafte Ernährung oder eben durch Schädlinge hervorgerufen wird. Und es kommt noch besser: Beim Werben um die Weibchen präsentieren die Männchen die Pflanzen ihrer Herzensdame, bevor sie die Kräuter in das Nest einbauen. Im Umkehrschluss legt diese Erkenntnis die Vermutung nahe, dass auch die Stadtvögel genau wissen, was sie tun, und die Zigarettenkippen nicht aus Flauschigkeitsgründen, sondern gezielt zur Abwehr von Parasiten in ihre Nester einflechten.

DACHS

Kurzsichtig durch die Nacht

Die Leistungsdaten des Dachses sind beeindruckend: Er erklimmt mühelos Gelände mit bis zu 60 Prozent Neigung, überwindet trotz seiner massigen Gesamtkonstruktion 90 Zentimeter hohe Hindernisse, erreicht Geschwindigkeiten von bis zu 45 Stundenkilometern und ist mit einem 7-Millimeter-Maschinengewehr »MG3« der Firma Rheinmetall ausgestattet. Der Pionierpanzer »Dachs« der deutschen Bundeswehr ist ein wahrer Alleskönner im Gelände und hat durchaus Ähnlichkeiten mit seinem tierischen Namensgeber. Dieser ist zwar nicht ganz so schnell und auch nicht ganz so gefährlich, aber schließlich muss er ja auch keine Kriege gewinnen – obwohl manche Menschen gern einen gegen ihn anzetteln würden. Denn eines können beide Dachse ganz hervorragend: graben. Der Panzer mit seiner hydraulischen Baggerschaufel, der Vierbeiner mit seinen extralangen, gekrümmten Krallen an beiden Vorderpfoten.

Seitdem sich der Dachs in deutsche Städte vorgewagt hat, liest man in Blogs und Foren zunehmend verzweifelte Frontberichte im Kampf gegen den schwarz-weiß gefärbten Marder: »Dachs unterkellert meine Gartenhütte!«, »Jede zweite Nacht gräbt ein Dachs mein Tulpenbeet um« oder »Mein Gewächshaus – es besteht Einsturzgefahr!« Wegen seiner Grabtätigkeiten mussten schon Autobahnbrücken gesperrt werden, deren Statik gefährdet war. Auf Friedhöfen bringt der Dachs Grabsteine in Schieflage, wenn er die lockere Erde frischer Gräber nach Nahrung durchwühlt. Besonders freche Dachse öffnen geschickt Bienenstöcke und knabbern an den süßen Waben – natürlich nur im Winter, wenn die Bienen träge gestimmt sind. Der Dachs ist schließlich nicht dumm.

Zwar gehört der Dachs zu den Mardern, ist im Gegensatz zu seinen blitzschnellen Verwandten aber eher ein geruhsamer Schnüffler, der frisst, was ihm vor die Nase kommt. Der Alleskönner ist auch ein klassischer Allesfresser. Leicht kurzsichtig stromert er durch die Nacht und jagt das, was schlechter zu Fuß ist als er selbst: Frösche,

Schnecken, manchmal einen Igel, aber er verschmäht auch Beeren, Samen, Wurzeln oder Pilze nicht. Seine Lieblingsspeise sind allerdings Regenwürmer, die im Frühjahr mehr als 50 Prozent seiner Nahrung ausmachen. Meist erwischt er diese auf feuchten Wiesen, wenn die Würmer sich nahe der Oberfläche befinden. Untersuchungen haben ergeben, dass der Dachs durchschnittlich 2,7 Würmer pro Minute aufstöbern kann, aber nur, wenn alles passt. In Sachen Gras gilt: Auf die Länge kommt es an! Im 20 Zentimeter hohen Gras hat er schlechte Aussichten, seine ideale Wurmquote zu erreichen. Als optimal gilt eine Länge unter oder um die fünf Zentimeter, deshalb sind gepflegte Vorstadtgärten für den Dachs auch besonders attraktiv. Problematisch wird es erst bei längerer Trockenheit, wenn sich die Würmer tiefer ins feuchte Erdreich zurückziehen. Dann gräbt, wühlt und schnüffelt sich der Dachs durch die Grasnarbe und hinterlässt in manchen Siedlungen schon mal schlimme Verwüstungen, als wäre ein amoklaufender Vertikutierer durch die Nachbarschaft vagabundiert.

Das Verhältnis von Mensch und Dachs war schon früher kompliziert, und fast könnte man meinen, der Dachs nimmt Rache für all das, was die Menschen ihm in den Siebzigerjahren angetan haben. Damals wurde Deutschland von einer der gefährlichsten Seuchen der jüngeren Vergangenheit heimgesucht: der Tollwut, die weltweit jedes Jahr noch immer Zehntausende Menschen dahinrafft. Im Visier stand dabei eigentlich der Fuchs, der als Überträger der unheilbaren Krankheit gilt. In ganz Deutschland zogen deshalb mit Blausäuregas ausgerüstete Seuchenschutzkommandos durch die Wälder. Dabei wurde alles begast, was nur halbwegs nach Fuchsbau aussah – leider waren aber häufig Dachsbaue darunter. Bei entsprechender Größe nutzen Dachs und Fuchs manchmal sogar denselben Bau, was damals ein zusätzlicher Grund war, alles Leben in den Bauten auszulöschen. Das Problem: Während der tagsüber stattfindenden Begasungen waren die meisten Füchse im Revier unterwegs, die nacht-

Zur Nahrungssuche dringen Dachse tief in Städte ein. Zum »Feierabend« geht's zurück in den Dachsbau in der Vorstadt oder auf dem Land.

aktiven Dachse ruhten jedoch im Bau und erstickten jämmerlich. Die Begasungen hatten beim Fuchs keinen nachhaltigen Erfolg, der Dachs war jedoch nach Ansicht vieler Jäger und Naturschützer damals dem Tode geweiht und stand kurz vor seiner Ausrottung. Erst als man dazu überging, die Füchse mit ausgelegten Impfködern zu immunisieren, erholten sich die Dachsbestände wieder.

Heutzutage gilt der Dachs als nicht mehr gefährdet und ist weitverbreitet. Der Autoverkehr ist nach wie vor die größte Bedrohung für das im Verborgenen lebende Tier. Was natürliche Feinde betrifft, konnte der Dachs in Deutschland über Jahrzehnte ein sorgenfreies Leben führen, da Bär und Wolf weder in der Stadt noch auf dem Land vorkamen – mit kuriosen Folgen. Eine britische Biologin ging vor einigen Jahren der Frage nach, wovor ein Dachs denn heutzutage überhaupt noch Angst habe. In Hörweite von Dachsbauen platzierte sie deshalb Lautsprecher, aus denen Wolfsgeheul, Bärenlaute und Fernsehsendungen der BBC (es waren englische Dachse) in den Wald plärrten. Die Wölfe lösten keinerlei Reaktion aus; die Bären sorgten allenfalls für skeptische Blicke; sobald jedoch das Fernsehen eingeschaltet wurde, wagte sich der Dachs kaum noch aus seinem Bau. Offensichtlich ist den Tieren die natürliche Furcht vor ihren Erzfeinden verloren gegangen, da sich diese in manchen Gegenden über Jahrhunderte nicht mehr blicken ließen. Mit der Rückkehr des Wolfes nach Mitteleuropa könnten sich die verkümmerten Instinkte des Dachses allerdings schon bald als tödlicher Leichtsinn herausstellen. Noch ist es zu früh, darüber Aussagen zu treffen, ob der Wolf womöglich noch mehr Dachse in die Städte treiben wird. Bis auf Weiteres machen es die meisten Dachse wie viele Stadtmenschen und »pendeln« hin und her. Zur »Arbeit« geht es in die Stadt bis an die Mülltonnen der Bewohner, zum Feierabend wandern sie wieder zurück in ihren Bau irgendwo im Grünen. Diesen würden sie freiwillig auch niemals aufgeben.

Dachsbauten sind Familiensache, sie werden von einer Generation an die nächste vererbt und immer weiter ausgebaut. Die metertiefen und stockdunklen Labyrinthe bestehen aus zahlreichen Wohnkammern, Lüftungstunneln und sind gemütlich mit Laub oder Moos ausgepolstert. Nur die Dachstoilette – eine meist penetrant riechende Mulde – befindet sich immer außerhalb des Baus. Es wundert nicht, dass auch Füchse, Kaninchen, Mäuse oder Steinmarder die Unterwelt des Dachses für sich als Heimstätte entdecken, was den Dachs aber erstaunlich wenig stört. Angesichts der Ergebnisse jahrzehntelanger Tiefbautätigkeit wäre es auch ein mühsames Unterfangen, sich jeglicher Untermieter entledigen zu wollen. In England fand man einmal einen Bau mit 50 Kammern, 178 Eingängen und knapp 900 Metern Tunnellänge. In einem Wald der Mecklenburgischen Schweiz stieß man auf noch Unglaublicheres, denn was die Wissenschaftler in einem Dachsbau fanden, muss ihnen den Atem geraubt haben: Knochenreste von Äskulapnattern und Lemmingen! Wie gelangten die Überreste einer Schlange nach Norddeutschland, die es sonst nur im warmen Süden gibt? Und wie konnte ein Dachs ein Nagetier erbeuten, das ausschließlich im weit entfernten Nordskandinavien vorkommt? Die Antwort: Das Höhlensystem war mehr als 10 000 Jahre alt. Es wurde vermutlich durchgängig von Dachsen genutzt – auch am Ende der letzten Eiszeit, als sich hierzulande noch Lemminge tummelten, und während der letzten Warmzeit vor 5000 Jahren, in der sich wärmeliebende Äskulapnattern durch die Mecklenburger Seenplatte schlängelten.

Kümmert sich um jeden Dreck: Als klassischer Allesfresser findet der Dachs im menschlichen Müll jede Menge Nahrung.

Ebenso überraschend ist das Sozialverhalten des Dachses. Das Bild vom mürrischen Einzelgänger passt vielleicht zur Fabelgestalt von »Meister Grimbart«, in der Realität geht es jedoch recht munter zur Sache. Dachse leben in Familienclans von bis zu einem Dutzend Tieren zusammen. Im Clan selbst herrschen Promiskuität oder Polyandrie, was so viel bedeutet, dass es im Bau sexuell gesehen recht lockere Umgangsformen gibt. Wechselnde Partner (Promiskuität) oder Weibchen mit mehreren Männchen (Polyandrie) sind nicht ungewöhnlich, genügend Platz dafür ist ja zumeist vorhanden.

Dem dachsgeplagten Städter mit durchwühlter Blumenrabatte werden die sexuellen Eskapaden hingegen egal sein. Manch einer stellt sich lediglich die Frage, wie man den Dachs wieder loswird. Dabei kursieren die kuriosesten Tipps: das Vertröpfeln von stark riechenden Weichspülern, das Ausstreuen von Hundehaaren oder das Erzeugen sonstiger übler Gerüche. Als kostengünstiges Mittel wird auch immer wieder einfaches lautstarkes Erschrecken empfohlen. Einziges Problem ist nur, dass der Dachs am liebsten in der zweiten Nachthälfte unterwegs ist und kaum jemand morgens um vier mit lauten »Buh!«-Rufen durch den eigenen Garten stapfen möchte. Am wirkungsvollsten scheinen immer noch Mittel, die nach hochkonzentriertem Menschenschweiß riechen. Sie gelten als eine Art Breitbandantibiotikum der Wildtiervergrämung und vertreiben mit ihrem bestialischen Gestank nicht nur Dachse, sondern so ziemlich alles, was vier Beine und eine Nase hat. Allerdings nimmt in einem derartig verseuchten Gelände die Aufenthaltsqualität auch für Zweibeiner massiv ab, und der stinkbombenähnliche Gestank sorgt in der Nachbarschaft schnell für dicke Luft. Letzte Möglichkeit: Man nimmt den Dachs, wie er ist – nämlich als liebenswerten Mitbewohner, der seit Jahrhunderten im besten Wortsinn unter uns lebt, weshalb er ja meistens auch nicht weiter stört.

Ganz verwegene Zeitgenossen neigen sogar zum Verspeisen des Dachses, was völlig legal, aber nicht immer einfach ist. Wenn ein Jäger irgendwo einen Dachs erwischt, verbleibt die Wildspezialität meist beim Schützen, und bei richtiger Verarbeitung (Dachsschinken, Dachsgeschnetzeltes) können daraus schmackhafte Gerichte entstehen. Vermeintliche Tierschützer zeigen sich diesbezüglich gern empört, das Verspeisen von Dachsen hat allerdings eine lange Tradition. Schon Papst Johannes XIII. gab seinen Segen und erlaubte Dachsfleisch sogar als Fastenspeise. Neben Biber und Otter sortierte der Papst merkwürdigerweise auch den Dachs in die Schublade der »fischartigen« Tiere ein, die man in der fleischlosen Fastenzeit verspeisen durfte. So ist der Dachs wohl das einzige Lebewesen, das als höhlenbauender und gleichzeitig fischartiger Waldbewohner die Bäuche fastender Mönche füllen konnte. Ein echter Alleskönner eben.

DACHSWISSEN

Mutig mit Maske

Welchen Sinn hat die Gesichtsmaske?

Die auffällige Kopfzeichnung soll Feinde abschrecken, da sie den Kopf größer und bedrohlicher aussehen lässt, als er in Wirklichkeit ist.

Wo kann ich den Dachs beobachten?

Die Frage ist eher: Wann? In der zweiten Nachthälfte ist er am aktivsten. Zu sehen bekommt man ihn am ehesten, wenn man sich gut getarnt vor einem Dachsbau auf die Lauer legt.

Wie viel Dachse gibt es in Deutschland?

Schätzungsweise 150 000 Exemplare mit leicht steigender Tendenz.

Woher stammt der Ausdruck »Frechdachs«?

Das ist umstritten – es gibt zwei Theorien. Die erste: Nicht der Dachs, sondern der Dackel ist gemeint. Die zweite: Sein mutiges Verhalten, seinen Bau und seine Nachkommen auch gegen viel größere Feinde zu verteidigen, hat ihm die Eigenschaft »frech« verliehen.

BALZVERHALTEN

Mein lieber Schwan!

Über Millionen von Jahren verlief die Partnerwahl bei Schwänen völlig problemlos. Schließlich hatte die Evolution den anmutigen Tieren eine recht einfache Checkliste mit auf den Weg gegeben: Anhand von Körperform, Halslänge und allgemeinem Bewegungsmuster konnte ein Schwan einen anderen Schwan instinktiv erkennen. Irrtümer waren nahezu ausgeschlossen. Mit den wenigen Parametern konnte man auch naheliegende Verwechslungen mit weißen Gänsen oder Störchen vermeiden – auf Tretboote in Schwanenform hatte die Evolution die Tiere allerdings nicht vorbereitet.

Wiederholt wurden in den letzten Jahren Schwäne gesichtet, die ein auffälliges Verhalten in Form von merkwürdigen Flirtversuchen zeigten. Der erste Schwan, der sich in eindeutiger Absicht einem Tretboot näherte, wurde aus Hamburg vermeldet.

Die Aussichtslosigkeit des Paarungsaktes mit dem leblosen Pressplastik hielt den Schwan nicht davon ab, das Tretboot mitsamt den Ausflüglern über zwei Jahre zu eskortieren. Wer sich dem Schwanen-Tretboot näherte, wurde mit fauchendem Gezeter vertrieben. Der unglücklich verliebte Singschwan baute sogar direkt neben dem Liegeplatz des Bootes ein Nest, aus dem niemals Küken hüpfen sollten. Kinderlos blieb auch die Beziehung eines Trauerschwans mit einem Tretboot auf dem Münsteraner Aasee. Der schwarze Vogel paddelte von Sonnenaufgang bis Untergang um das Boot herum und ließ es auch an Land nicht aus den Augen. Sogar an dem Tag, als man das Tretboot winterfest machen wollte. Um Frostschäden zu vermeiden, schleppte man es in einen eisfreien Tümpel des Allwetterzoos Münsters. Schwan »Petra« – wie das weibliche Tier mittlerweile hieß – stapfte verliebt hinterher. Verkupplungsversuche mit anderen Trauerschwänen des Zoos scheiterten kläglich. Petra hatte nur Augen für ihr geliebtes Tretboot. Am tollsten trieb es ein Höckerschwan aus der Kleinstadt Velen. Mehr als sechs Jahre dauerte die Liebe zwischen ihm und einem Traktor. Sobald der (blaue!) Traktor durch die Parkanlagen eines dazugehörigen Hotels tuckerte, watschelte »Schwani« dem Fahrzeug treu hinterher.

Sind das alles bedauerliche Einzelfälle? Oder besteht eine ernste Gefahr, dass die Schwäne in eine verhaltensbiologische Sackgasse abbiegen? Experten sprechen bei derartigen Verhaltensweisen von einer »evolutionären Falle«, die Menschen ungewollt in Städten aufstellen, oder anders gesagt: Der Mensch verändert den Lebensraum Stadt schneller, als die Evolution hinterherkommt. Die Regeln, nach denen Tiere ihre Entscheidungen fällen, taugen für die freie Natur. In den Städten kann die automatisierte Ausführung der angeborenen Instinkte oftmals kuriose, schlimmstenfalls tödliche Folgen haben – was nicht nur am Beispiel der liebestollen Schwäne zu sehen ist. Eintagsfliegen kann man beispielsweise bei der Ausführung einer evolutionär gesehen äußerst dummen Idee beobachten: Sie legen ihre Eier mitten auf der Strasse ab, statt sie wie üblich einem Tümpel oder Fluss zu überlassen. Der Grund: So mancher Asphaltbelag strahlt das gleiche polarisierte Licht ab, wie eine Wasseroberfläche – und genau dieses Licht kommandiert die Aufforderung zur Eiablage ins Eintagsfliegenhirn. Auch Libellen fallen auf den Polarisationsirrtum hinein. Sie halten polierte, schwarze Grabsteine für Wasserflächen und legen ihre Eier auf den staubtrockenen Granitplatten ab. Für diese Entdeckung erhielten ungarische Forscher sogar den Ig-Nobelpreis – ein Preis, der besonders abstruse Erkenntnisperlen der Wissenschaft auszeichnet. Dabei ist die »polarisierte Lichtverschmutzung« in Städten vor allem für Insekten ein durchaus ernstes Problem. In ihrer bisherigen Entwicklungsgeschichte fanden sogenannte »polarotaktische Insekten« ihre Gewässer zur Eiablage zielsicher. Der Grund: Wasseroberflächen waren über viele Millionen Jahre die einzigen Oberflächen, die horizontal polarisiertes Licht reflektierten und damit signalisierten: »Eier bitte hier ablegen!«. Heutzutage sind Solaranlagen, Plastikplanen oder Autos missverständliche Lichtschleudern, die als ökologische Fallen an vielen Ecken lauern.

Auch Höckerschwäne haben Gefühle! Dieser zum Beispiel für einen Trecker. Über sechs Jahre watschelte »Schwani« in einem niedersächsischen Schlosspark einem Trecker hinterher – bis er eine neue Liebe fand: eine Kanadagans.

Ein Beispiel aus dem Säugetierbereich zeigt, dass auch Tiere, denen man eine höhere Intelligenz als Eintagsfliegen nachsagt, Opfer ihrer Instinkte werden können. So haben sich beispielsweise Eichhörnchen erfolgreich in der Stadt angesiedelt, mit dem Autoverkehr stehen sie aber immer noch auf Kriegsfuß. Muss ein Eichhörnchen eine sechsspurige Ausfallstraße überqueren, wird es, ohne nach rechts und links zu schauen, blindlings über die lebensgefährliche

Das muss Liebe sein! Singschwan »Swanee« aus Hamburg liebte über viele Jahre lang einen Höckerschwan. Dass dieser ein Tretboot war, störte ihn nicht weiter.

Schneise spurten. Sein Instinkt zwingt es schlichtweg dazu, offene Flächen schnellstmöglich zu überqueren. Das Kalkül dahinter: Da man gegen Angreifer im baumlosen Gelände keine Chance hat, bringt man die Sache lieber schnell hinter sich. Das blinde Wetzen über Straßen ist jedoch meist eine ungünstige Strategie angesichts der Dichte des Autoverkehrs. Doch bis die Evolution dieses Verhalten aus dem Instinktrepertoire des Eichhörnchens herausmutiert hat, wird viel Zeit vergehen. Genauso wie beim Schwan, der vielleicht ein paar Jahrtausende brauchen wird, um Tretboote wieder unattraktiv zu finden. Fraglich ist nur, ob es dann überhaupt noch Tretboote geben wird.

Übrigens: Aus menschlicher Sicht besteht kein Grund zur Überheblichkeit. Auch der Mensch leistet sich ähnliche Dummheiten, bei denen er Instinkt über Vernunft stellt. So ist die manchmal unstillbare Lust nach süßem und fettigem Essen ein Überbleibsel aus der Steinzeit, das uns evolutionär noch immer in den Knochen steckt. Der Mensch musste damals lange Zeiten ohne Nahrung auskommen. Hatte er welche aufgetrieben, griff er natürlich lieber zum kalorienreichen Fett als zu schwer verdaulichem Grünzeug. Der moderne Stadtmensch muss jedoch selten mehr als Hundert Meter laufen, um eine Nahrungsquelle zu erreichen. Trotzdem stürzt er sich noch immer mit der gleichen Lust auf fettreiche Dönerspieße, Pommes und Burger wie die Libelle auf glänzende Grabsteine.

BUNTSPECHT

Wer klopft denn da?

Immer mehr Vögel entdecken die Stadt für sich als Lebensraum. Getreu dem Motto »Landei war gestern« brüten in Großstädten wie München oder Berlin heute weit mehr als 100 verschiedene Wildvogelarten. Eine Spezies, die sich in jüngster Zeit vom Leben in der Stadt besonders angezogen fühlt, ist der Buntspecht. Der eigentlich als »Baumeister des Waldes« bekannte Vogel zeigt sich den modernen Baustoffen der Stadt gegenüber sehr aufgeschlossen und heimst sich damit jede Menge Ärger vonseiten seiner menschlichen Mitbewohner ein.

Buntspechte sind seit jeher echte Bauspezialisten. Sie zimmern sich ihre eigenen Baumhöhlen und nutzen diese als Schlafplatz oder als geschützten Ort zum Brüten. Die Höhlen sind zwischen 30 und 50 Zentimeter tief und werden meist in Höhe von zwei bis fünf Metern gefertigt. Häufig legt ein Specht im Frühjahr mehrere Bruthöhlen an, bis die perfekte gefertigt ist. Im Wald bevorzugen die Vögel für ihre Bauaktivtäten kranke oder morsche Bäume, deren Holz sich einfacher als das von gesunden Bäumen bearbeiten lässt. In der Stadt haben die findigen Vögel nun eine Alternative für sich entdeckt, die sich anfühlt wie ein Baum, klingt wie ein Baum und sich gleichzeitig noch viel einfacher in der Bearbeitung zeigt als der allermorscheste Stamm im Wald: Fassadendämmungen. In Zeiten des Klimawandels und des Energiesparens werden derzeit vielerorts die Häuser »eingepackt«. Der offizielle Name der auf die Außenmauern aufgebrachten Schutzschicht lautet »Wärmedämmverbundsystem«, das steht für eine meist styroporartige circa zehn Zentimeter dicke Verschalung, die nach der Montage verputzt und gestrichen wird. Was für den Menschen schlicht als Hauswand daherkommt, ist für den Buntspecht eine Art Wunderbaum: Der raue Putz fühlt sich für die Vögel wie Baumrinde an, und das Dämmmaterial selbst hat beim Zerhacken eine ähnliche Konsistenz wie ultramorsches Holz. Im Vergleich zur Bauzeit von zwei bis drei Wochen, die ein Specht benötigt, um in einem herkömmlichen Baum eine Höhle zu fertigen, lässt sich eine Fassadenhöhle in nur wenigen Tagen zimmern. Hinzu kommt der Klang, der beim Trommeln auf die Kunststoffhülle entsteht: Das Material resoniert hervorragend und hat auf die Spechte eine entsprechend hohe Anziehungskraft. Schließlich wird nicht nur zum Höhlenbau oder bei der Nahrungssuche geklopft, sondern insbesondere während der Balzzeit im Frühjahr wird getrommelt, dass die Späne fliegen. Männliche Spechte sind echte Poser und zeigen mit ihren lauten Trommelwirbeln der Damenwelt, was für Kerle sie sind. Dass sie beim Demonstrieren ihres städtischen Nestbautriebes den Nestbau des Menschen demontieren – eine moderne Fassadendämmung dient letzten Endes zu nichts anderem, als eine menschlichen Wohnhöhle warm und trocken zu halten –, ist ein ironischer Wink von Mutter Natur.

Beim Show-Klopfen um die Damenwelt lautet die Maxime: »Je lauter, desto besser.« Die Vögel suchen sich sogenannte Klangäste, die hohl oder morsch sind und besonders laut hallen. Und hier kann die Fassadendämmung aus Spechtsicht richtig punkten: Dank der vielen Hohlräume, die eigentlich Isolationszwecken dienen, schallt das Material besser als jeder Altbaum. Um beim Klopfen ordentlich Druck auf den Schnabel bringen zu können, haben Buntspechte im Lauf der Evolution zwei Besonderheiten hervorgebracht. Zum einen nutzen sie für einen festen Halt ihren Schwanz zum Abstützen am Stamm beziehungsweise an der Hauswand. Zum anderen ist die vierte Fußzehe bei Spechten länger als bei anderen Vögeln und dient als eine Art Steigeisen beim Klettern und Festklammern: Wenn sich der Specht abstützt, weist die Zehe nach unten; wenn er klettert, kann die Zehe gedreht und nach oben gewendet werden. Mit diesen Spezialwerkzeugen ausgestattet, können die Vögel an Stämmen und rauen Fassaden senkrecht emporklettern und aus sicherem Halt heraus bis zu 15 Schläge in der Sekunde erzeugen. Ein typischer Trommelwirbel dauert zumeist um die zwei Sekunden; auf den Tag verteilt geben Spechte insgesamt bis zu 12 000 Schläge ab. Dass den Vögeln hierbei nicht ständig der Schädel dröhnt, haben sie einer besonderen Anatomie ihres Kopfes zu verdanken: Die knöcherne Umhüllung des Gehirns ist bei Spechten stärker ausgeprägt als bei anderen Vögeln. Darüber hinaus haben die Trommler eine knöcherne Scheidewand zwischen den Augen sowie eine spezielle Federung zwischen Schnabel und Schädel, die ähnlich wie ein Stoßdämpfer beim Auto wirkt.

Haben Buntspechte eine Fassadendämmung einmal für sich entdeckt, können sie hier innerhalb kurzer Zeit große Schäden

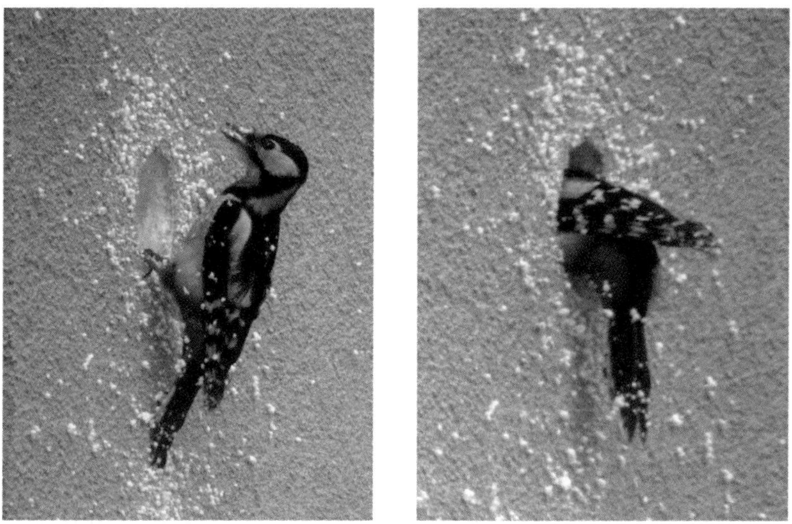

Hackerangriff der besonderen Art: Buntspechte haben die einfache Verarbeitung moderner Verbundstoffe für sich entdeckt.

für den Hausbesitzer hervorrufen. Zum einen verliert die Schutzhülle durch die Löcher ihre isolierende Wirkung und lässt sogenannte Kältebrücken entstehen. Zum anderen kann durch die

Löcher im Putz Feuchtigkeit in die Dämmschicht eindringen, dadurch wird die Isolationswirkung gemindert und Schimmelbildung begünstigt. Kommt dann noch Frost hinzu, kann die gefrorene Nässe beim Auftauen den Fassadenputz weiter aufsprengen und Folgeschäden hervorrufen. Dämmspezialisten empfehlen daher, etwaige Löcher in der Fassadendämmung möglichst schnell nach Entstehen auszubessern und zu verschließen. Dabei haben sie allerdings die Rechnung ohne den Specht gemacht: Nicht nur die Vögel selbst, sondern auch ihre Brut- und Schlafhöhlen stehen unter Naturschutz. Eine Zerstörung oder Veränderung dieser Bauten ist zu keiner Jahreszeit erlaubt, sofern die Vögel die Höhlen in Gebrauch haben. Und selbst wenn die Spechte ausgeflogen sind, ist eine Ausbesserung oftmals nicht möglich: Leere Spechthöhlen werden gern von anderen Vogelarten wie zum Beispiel Blaumeisen, Kleibern oder Mauerseglern als Brutstätte genutzt, und auch diese dürfen nicht ohne Sondergenehmigung der Naturschutzbehörde angegangen werden.

STARKE TROMMLER

Spechte haben ein ausgeprägtes Rhythmusgefühl: Je nach Spezies unterscheidet sich der Aufbau der Trommelwirbel. Normalerweise endet das Balztrommeln zum Ende des Frühjahrs; klopft ein Specht bis in den Sommer hinein, handelt es sich meist um einen erfolglosen Junggesellen. Damit den Vögeln beim Klopfen kein Holzmehl in die Atemwege gelangt, sind die Nasenlöcher des Buntspechts mit feinen Federn abgedeckt.

Wer Buntspechte als Untermieter bei sich hat, dem bleibt nur eine Möglichkeit, die Tiere wieder loszuwerden: Vergrämung. Hinter diesem Wort verbirgt sich in Bezug auf Spechte eine ganze Batterie an

Maßnahmen, die allesamt darauf abzielen, die Vögel zum Ausziehen zu motivieren. An erster Stelle sind hier moderne Vogelscheuchen zu nennen, die an der Hausfassade angebracht werden. Spezielle Modelle mit Licht- und Geräuscheffekten werden vom Handel als besonders erfolgversprechend eingestuft. Auch Specht- oder Greifvogelattrappen können funktionieren, um Konkurrenz oder Gefahr zu simulieren. Allerdings sind Spechte nicht dumm und gewöhnen sich innerhalb kurzer Zeit an die Vergrämungsinstrumente. Damit diese ihre Wirkung nicht verlieren, müssen sie regelmäßig verändert oder neu kombiniert werden. Alles in allem ist das Vergrämen ein recht anstrengendes Unterfangen, das vom Anwender viel Einsatz und Finesse erfordert und oftmals optische Einbußen mit sich bringt: Wenn nämlich der Plan aufgeht, ist zwar das Innenleben der Fassade spechtfrei, dafür hat man dann aber jede Menge piepende und blinkende Greifvogel- und Spechtattrappen an der Hauswand kleben. Dämmexperten empfehlen daher, bei Sanierungen glatte Fassadenverkleidungen oder Metallabdeckungen anzubringen, an denen Spechte keinen Halt finden.

NILGANS

Gans schön clever

Tierwelt und Automobilbranche haben eine Gemeinsamkeit: Ihre Modellpolitik ist mitunter etwas verwirrend. Wer kann schon wirklich zwischen Kleinstwagen, Kleinwagen und Kompaktklasse unterscheiden? Ähnliche Schwierigkeiten hält auch die Natur bereit – beispielsweise bei Enten, Halbgänsen und Gänsen. So haben Halbgänse Ausstattungsmerkmale beider benachbarter Unterfamilien. Ihr Körperbau ist jedoch für eine Ente zu gansartig, während sie für eine Gans aber wiederum zu klein gewachsen sind – nichts Halbes, nicht Gans. Erst mit mikrobiologischen und genetischen Untersuchungen konnte man in den letzten Jahrzehnten den taxonomischen Unschärfen der Halbgänse zu Leibe rücken, und schließlich einigte man sich auf eine – höchst umstrittene – Modellreihe. Die gute Nachricht ist dabei: Deutsche Vogelfreunde haben es einfach, denn hierzulande gab es bisher nur eine einzige Halbgansart – die elegante Brandgans (*Tadorna tadorna*), die natürlich korrekt Brandhalbgans heißen müsste. Mit ihrem bunten Farbkleid dekoriert sie deutsche Dünen und ist ansonsten völlig verhaltensunauffällig. Die (für manche) Vogelfreunde schlechte Nachricht: Seit einigen Jahren gibt es bei uns eine zweite Halbgansart: die Nilgans (*Alopochen aegyptica*). Dieser kann man vieles nachsagen, aber nicht, dass sie sich irgendwie unauffällig verhält. Im Gegenteil. In vielen Städten trifft die Halbgans auf den Zorn, manchmal den blanken Hass (halb)gansgeplagter Stadtbewohner.

»Sie gehört zu den herrschsüchtigsten und boshaftesten Vögeln, die es gibt, und lebt trotz der Vereinigungen, die sie mit ihresgleichen eingeht, nicht einmal mit diesen in Frieden«, lautete schon das wenig schmeichelhafte Urteil aus *Brehms Thierleben*. Alfred Brehm beobachtete den Vogel im 19. Jahrhundert höchstpersönlich in seinem afrikanischen Herkunftsgebiet. Dort tummelt sich die Nilgans am liebsten in Landschaften mit kurzer Grasvegetation. Diese findet man in Afrika unter anderen an den Ufern von Gewässern der Trocken- und Feuchtsavannen, in Europa aber auch in Parks, Grünanlagen oder Schwimmbädern. Und genau diese hat die Nilgans für sich entdeckt. Das Problem: Während andere Parkvögel wie Graugans oder Stockente sittsam die friedlichen Parklandschaften ausschmücken, fällt die Nilgans in vielen deutschen Städten durch eher rüpelhaftes Benehmen auf. Frankfurt am Main ist dafür ein gutes Beispiel. Die Debatte um die Nilgänse läuft dort seit Jahren. Sie wird nicht selten emotional geführt, und im Kampf gegen die Nilgans setzt man mitunter alle Mittel ein.

Als im Januar 2017 ein Mann mit einer Schrotflinte den Bademeisterturm des Frankfurter Brentanobades erklomm, hatte man bereits alles versucht. Nichts half gegen die zahlreichen Nilgänse. Das Bad ist eines des größten Europas, und die Frankfurter schätzen das 220 Meter lange Becken als idealen Ort zum Schwimmen. Die Nilgänse leider auch. Wenn man sich einmal vor Augen führt, dass eine Gans täglich rund zwei Kilogramm Kot produziert und diese in rund 200 Portionen absondert, wird klar, dass fünfzig Gänse jede Liegewiese in eine glitschige Freilufttoilette mit salmonellenverdächtigen Kothäufchen verwandeln können. Die Gegenmaßnahmen waren durchaus fantasiereich, aber nutzlos: Ein motorisierter Plastikschwan wurde nach wenigen Tage mit ausgehackten Augen aus dem Wasser geholt, ein erschöpfter Jagdhund wieder abgezogen, Flatterbänder und Drohnenflüge ignorierten die Gänse, lautes Greifvogelgeschrei aus den Freibad-Lautsprechern wurde allenfalls interessiert zur Kenntnis genommen. Schließlich kam die Schrotflinte als Ultima Ratio zum Einsatz, bei dem sechs Nilgänse den Freibadtod starben. Ein Jahr später gab es immer noch Nilgänse im Bad, jedoch deutlich weniger. Vogelkundler sind sich nicht sicher, welchen Effekt die Flinte hat, wenn es darum geht, die Tiere zu vertreiben. Schließlich könne man bei einem toten Tier schwerlich einen Lerneffekt erzielen, und die Lebenden würden einfach vorübergehend umsiedeln – in Frankfurt zum Beispiel in den bei Spaziergängern beliebten Ostpark, der auch Heimat der Gänse geworden ist. Hier wunderten sich im Jahr 2018 Passanten über einen merkwürdigen mehrere Hundert Meter langen Zaun. Eine circa einen Meter hohe, blickdichte schwarze Folie trennte dort von einem Tag auf den anderen eine beliebte Liegewiese von einem schönen Parksee. Das Ziel: Die Liegeweise sollte für die Nilgänse möglichst unattraktiv gemacht werden. Schließlich mögen sie es nicht, wenn ihnen etwas die Aussicht versperrt. Menschen allerdings auch nicht, weshalb der Zaun immer wieder umgekippt wurde. Selbst wenn er stand, flogen Nilgänse vom Weiher einfach über den Zaun auf die Liegewiesen – Aussicht hin, Aussicht her. Es gab so-

Im Gegensatz zu anderen Gänsen kann die Nilgans fast ganzjährig Eier legen und Junge aufziehen.

gar Beobachtungen, nach denen die Gänse einfach unter dem Zaun hindurchwatschelten.

Unter Experten ist es umstritten, wie man der vermeintlichen Plage entgegentreten sollte. Schließlich ist der Mensch ja irgendwie auch selbst schuld. Im 17. Jahrhundert verschleppte man einige Exemplare vom Nilufer an die Höfe europäischer Adelshäuser, wo sie als exotische Zierde die Lustgärten bevölkerten. Es bleibt allerdings ein Rätsel, warum die findige Gans Deutschland erst im 20. Jahrhundert eroberte. Alles soll mit einem Schwarm aus den Niederlanden begonnen haben, der in den frühen Achtzigerjahren die Grenze überquerte und zum Gänsemarsch durch Deutschland aufbrach: Erst Niedersachsen, dann den Rhein hinauf, ins Ruhrgebiet und weiter an Main und Mosel entlang. Mittlerweile ist die Nilgans ein gesamtdeutscher Vogel, der sich in allen Bundesländern festgesetzt hat – mal mit mehr, mal mit weniger Exemplaren, aber immer mit der gleichen Tendenz: steigend. Geschätzt gibt es in Deutschland ungefähr 100 000 Nilgänse. Das sind rund zehnmal mehr, als es von ihren nächsten Verwandten, den Brandgänsen, gibt. Doch während diese ihre Eier diskret in verlassenen Kaninchenhöhlen verstecken, ist die Nilgans äußerst flexibel und anpassungsfähig. Am liebsten setzt sie sich ins gemachte Nest, baut zur Not aber auch selbst. Bei der Okkupation fremder Nester kann es zu tagelangen Kämpfen mit den »rechtmäßigen« Vorbesitzern kommen. Weder Störche, Krähen noch Greifvögel geben ihr Eigenheim ohne Gegenwehr auf, scheitern aber häufig an dem scheinbar furchtlosen Aggressor. Grundsätzlich brütet die Gans im Uferröhricht, in Baumhöhlen, zwischen Felspalten, inspiziert auf ihrer Immobiliensuche aber auch alte Fabriken, Schornsteine, Haussimse oder Erdhöhlen. Manchmal taucht sie auch dort auf, wo man mit einer Gans vielleicht am wenigsten rechnen würde: in Kirchtürmen. So geschehen in Heidelberg, wo man nicht schlecht staunte, als eines Tages eine Gans in die Überwachungskamera eines Wanderfalkenhorstes starrte. Dieser liegt im 35 Meter hohen Turm der Heilig-Geist-Kirche mitten im Zentrum der Stadt und wird von den Falken »Perkeo« und »Palatina« bewohnt, wie man sie in Heidelberg liebevoll nennt. Im Luftkampf konnten die Falken die Eindringlinge mit Sturzflugangriffen zwar zunächst vertreiben, doch die Nilgänse blieben hartnäckig und belagerten immer wieder den Kirchturm, weshalb man die beiden etwas weniger liebevoll als »Goosezilla« und »King Kong« benannte. Vorläufig haben die Falken jedoch die Oberhand gewonnen, allerdings mit menschlicher Hilfe und weltweit einzigartiger Hightech: dem »Nilgans-Erschrecker«. Zwei Institute der Bonner Universität entwickelten für die Überwachungskamera eine Bilderkennungs-Software; damit kann man identifizieren, ob es sich ein Falke oder eine Gans im Nest gemütlich machen will. Ist es tatsächlich eine Gans, schlägt die Software Alarm und löst ein optisches und akustisches Inferno im Kirchturm aus. Ein flackerndes Blitzlicht, scheppernde Töpfe, lautes Knallen und Motorengeräusche zeigten bei Goosezilla und King Kong Wirkung. Sobald der Licht- und Lärmterror begann, verließen die beiden fluchtartig das Nest, woraufhin Perkeo und Palatina wieder die himmlische Ruhe im Gotteshaus genießen konnten. Damit die Gänse immer wieder auf die Täuschung hereinfallen, variiert man sicherheitshalber die

Gang durch den Park. Die braune Augenzeichnung ist typisch für die Nilgans.

Geräusche, die auch aus dem Hunderte Kilometer entfernen Kommandostand in Bonn gesteuert werden können.

Grundsätzlich wird man sich in Deutschland aber wohl an den afrikanischen Dauergast gewöhnen müssen. Die extrem anpassungsfähige Gans profitiert hierbei von ihrem besonderen Fortpflanzungsverhalten. Während die heimische Graugans nur einmal im Frühjahr Eier legt, fühlt sich die Nilgans nicht an Jahreszeiten gebunden. Sie kann drei bis vier Mal im Jahr Junge aufziehen – es wurden sogar schon im November Nilgansküken gesichtet, die hinter ihrer Mutter durch Stadtparks trippelten. Ein Umstand, der auch ein weidmännisches Problem darstellt, denn die Vogelschutzrichtlinie erlaubt die Jagd lediglich außerhalb von Brut- und Aufzuchtzeiten. Wann also soll man eine Gans jagen, die permanent damit beschäftigt ist, sich fortzupflanzen? Mittlerweile ist die Gans immerhin in den Jagdverordnungen einiger Bundesländer »angekommen«, doch die seltsam andere Spezies sorgt auch hier für Diskussionen. Zwar verteidigt sie während der Brutzeit sehr aggressiv ihre Nachkommen (in Afrika greift sie sogar Elefanten an) und duldet keine anderen Vögel in der Nähe. Doch in den wenigen Zeiten, die nicht der Fortpflanzung dienen, mischt sie sich lammfromm unter andere – auch geschützte – Gansarten, die dann ungewollte Opfer einer Nilgansjagd werden könnten.

Im Frankfurter Ostpark wurde die Bejagung ebenfalls in Erwägung gezogen, aber nicht realisiert. Während man das randgelegene Brentano-Freibad menschenleer machen konnte, treiben sich in dem großen Park immer irgendwo ein paar Gestalten herum. Zudem schreibt die Jagdpraxis vor, dass Gänse nur im Flug geschossen werden dürfen, was die Sache zusätzlich erschwert beziehungsweise unkontrollierbar macht. Zumindest das scheinen die schlauen Nilgänse aber noch nicht zu wissen. Ansonsten könnten sie bei der nächsten Jagd im Brentano-Freibad einfach an dem Jäger auf dem Bademeisterturm vorbei ins Becken watscheln.

EU-VERORDNUNG

Zweifelhafter Ruhm

Wer als Pflanzen- oder Tierart in der *EU- Verordnung Nr. 1143/2014 des Europäischen Parlaments und des Rates* auftaucht, der lebt gefährlich! Schätzungsweise 12 000 Arten, die sich auf dem Gebiet der Europäischen Union tummeln, gelten als »gebietsfremd«. Davon werden rund 1500 als »invasive« Arten einsortiert. Die große Mehrheit dieser Arten verrichtet ihr Invasionsgeschäft allerdings eher unter dem Radar der EU-Bürokratie und fällt kaum weiter auf. 49 Arten haben es jedoch zu besonderem Ruhm gebracht. Sie fanden Platz auf der EU-Liste der »invasiven gebietsfremden Arten«. Diese ist offiziell von allen Mitgliedstaaten beschlossen und verpflichtet sie, Maßnahmen gegen die Eindringlinge vorzunehmen. Für jede Tier- oder Pflanzenart erstellten die Brüsseler Experten einen Steckbrief mit Empfehlungen, was gegen sie zu tun sei: Afrikanisches Lampenputzergras (»ausgraben«), die Buchstaben-Schmuckschildkröte (»Ablassen der Gewässer«) oder eben die Nilgans (»abschießen«). In der entsprechenden Broschüre des Bundesamtes für Naturschutz hat es die Nilgans zu besonderer Popularität gebracht: Sie flattert prominent über die Titelseite. Unter Artenschützern ist die Gans längst zum Popstar unter den Einwanderern geworden – wenn auch kein sonderlich beliebter.

KANINCHEN

Man sieht nur mit der Nase gut

Eigentlich sind Kaninchen scheue Fluchttiere. Im Lauf der Zeit haben sie sich jedoch an das Leben in der Stadt gewöhnt und lassen sich heute in Parks, auf Fußballplätzen und mitunter sogar auf Verkehrsinseln beobachten. Wer hektische Bewegungen vermeidet, kann sich den kleinen Hopplern bis auf wenige Meter nähern und ihnen dabei zuschauen, wie sie sich durchs Gras schnüffeln und dabei unentwegt die Nase rümpfen. Das sieht sehr niedlich aus, hat aber vor allem praktische Gründe: Kaninchen sind in Bezug auf das, was direkt vor ihnen liegt, nahezu blind. Frei nach dem Motto »Man sieht nur mit der Nase gut« gleichen sie diese Schwäche durch permanentes Schnuppern und mithilfe feinfühliger Tasthärchen aus. Der Grund für diese merkwürdige Sehschwäche liegt in der Anordnung der Augen. Und genau genommen handelt es sich dabei auch gar nicht um eine Schwäche: Als Beutetiere müssen Kaninchen ständig auf der Hut sein und prüfen, ob sich von irgendwo ein Feind nähert. Hierfür ist es von Nutzen, einen möglichst guten Rundumblick zu haben. Anders als beim Menschen liegen die Augen der Kaninchen weiter auseinander und seitlich exponiert am Kopf. Hierdurch können die Tiere einen Rundumblick von nahezu 360 Grad erreichen, mit Ausnahme der paar Grad, die direkt vor ihnen liegen. Der Mensch hat einen viel größeren toten Winkel – beim Blick zur Seite können wir maximal erkennen, was sich auf Ohrenhöhe befindet; nach hinten und nach oben sind wir vollkommen blind. Gezüchteten Hauskaninchenarten geht es ähnlich: Sie haben ein längeres Fell und größere Ohren als ihre wildlebenden Artgenossen. Das sieht für den Menschen niedlich aus, bringt für die Tiere aber hauptsächlich Nachteile mit sich, da sowohl das Fell als auch die Schlappohren die Sicht einschränken.

Von hasenunkundigen Stadtbewohnern wird das kurzohrige Wildkaninchen gerne mit dem langohrigen Feldhasen verwechselt. Zwar sind in Deutschland beide Arten Kulturfolger, der Hase begnügt sich aber zumeist mit Feldern und Fluren. Neben ihrem Körperbau sind beide Arten bereits an der Art des Wegrennens trefflichst zu unterscheiden. Während der gemächlich anmutende Hase bei Gefahr wie wahnsinnig in steil- und zickzackkurvigen Manövern kilometerweit über den Acker rast, flitzt ein Kaninchen einfach in den selbstgebuddelten Bau, in dessen Nähe es sich immer aufhält. Das Kaninchen treibt seine Höhlen dort in den Untergrund, wo der Boden leicht und locker genug dafür ist – und das können in der Stadt recht viele Orte sein: verlassene Höfe, Gärten, Grünanlagen, Friedhöfe oder sogar Flughäfen. Auf Letzteren kann es dann auch zum Aufeinandertreffen mit dem Feldhasen kommen. Eindringlingen gegenüber kann das Kaninchen dabei recht unangenehm werden und macht auch vor der nächsten Verwandtschaft nicht halt: Selbst einen Hasen kann es mit einem Kehlbiss töten. Ohnehin unterliegt das scheinbar sorglose Treiben einer Gruppe von Kaninchen einer strengen Hierarchie. Eine Wohngemeinschaft besteht meist aus acht bis zwölf Tieren, in der die Rangordnung immer wieder neu ausgefochten werden muss, gerade wenn es zu Neuzugängen kommt. Derartige Gefechte äußern sich darin, dass Kaninchen sich zwicken, besteigen, jagen oder im Kreis um ihren Konkurrenten herum wetzen. Was für den Parkbesucher wie ein neckisches Spiel ausschaut, ist die notwendige Herstellung einer inneren

FEINER RIECHER

Kaninchen haben in ihrer Nase rund 100 Millionen Riechzellen. Der Mensch hingegen kommt durchschnittlich »nur« auf etwa 20 Millionen und riecht damit fünfmal schlechter. Wenn Kaninchen ihre Nase nur wenig oder gar nicht bewegen, ist das ein Zeichen für Entspannung. Die Tiere fühlen sich dann sicher und verzichten darauf, durch Schnüffeln etwaige Feinde aufzuspüren.

Ordnung, die bei der Verteidigung gegen äußere Feinde lebenswichtig sein kann. Doch selbst die strengste Kaninchenhierarchie ist nicht stark genug, als dass sie den Einflüssen des Großstadtlebens auf Dauer standhalten könnte. Wie manche Menschen auch, leben viele der Tiere in kleineren Behausungen und sind häufiger Single als ihre ländliche Verwandtschaft, so die Erkenntnis einer Wissenschaftlerin der Universität Frankfurt. Demnach gibt es in den Städten einen signifikant höheren Anteil an Kaninchenbauten, die nur von einem Tier bewohnt werden. Zudem hatten die untersuchten Bauten meist nur fünf oder sechs Öffnungen, währen die weiter verzweigten Behausungen der Landkaninchen schon einmal 30 oder 40 Zugänge haben können. Der Grund scheint in den Vorteilen des Stadtlebens zu liegen. In Grünanlagen oder Gärten finden die Tiere jede Menge Gras, mehr Gebüsche zum Verstecken. Zudem tummeln sich in der Stadt weniger Fressfeinde und zugleich sorgen die höheren Temperaturen in den urbanen Räumen für einen längeren Zeitraum, in denen sich die Tiere fortpflanzen können. In der Summe führen diese Vorteile dazu, dass die Stadtkaninchen auf den Schutz einer größeren Gruppe – und damit auf das mühsame Bauen großer Höhlensysteme – verzichten können.

Egal, wie viele Möhren sie mümmeln: Kaninchen können nicht sehen, was unmittelbar vor ihnen liegt.

WESPE

Angesagter Look

Jedes Jahr im Spätsommer kann man sie beobachten: Hektische Menschen, die um sich fuchtelnd versuchen, ihren Pflaumenkuchen, ihr Eis oder andere Speisen gegen umhersummende Wespen zu verteidigen. Im Vergleich zur Biene hat die Wespe ein echtes Imageproblem, denn sie macht keinen leckeren Honig und hat auch keinen niedlichen Botschafter im Sinne von Maja oder Willi; und so rangiert sie, wenn es um Insektenschutz geht, eher auf den hinteren Rängen. Blumen stehen im Unterschied zum Menschen den Wespen deutlich offener gegenüber. Ihnen ist es egal, von wem sie bestäubt werden; hier wird die Wespe genauso gern gesehen wie die Biene, wobei letztere bei kühlerem Wetter lieber im schützenden Bienenstock bleibt. Anders die Wespen: Sie fliegen auch bei niedrigeren Temperaturen und bestäuben selbst bei Wind oder Regen. Wenn man versucht, die beiden Insektengruppen auseinanderzuhalten, hilft ein Blick auf den Körperbau: Bienen haben feine Härchen auf dem Körper und wirken rundlicher, Wespen hingegen sind unbehaart, eher länglich und haben eine schlanke Taille (»Wespentaille«). In Sachen Farbgebung sind Bienen und Wespen ähnlich gestrickt: Allein in Deutschland sind mehr als ein Dutzend Wespenarten beheimatet, die gelbschwarz gestreift auftreten. Dieser einheitliche Look ist evolutionär sehr vorteilhaft: Sticht eine Wespe einen Fressfeind wie zum Beispiel einen Vogel oder eine Amphibie, so verbindet dieser die schmerzhafte Erfahrung mit der schwarz-gelben Warntracht und macht zukünftig einen weiten Bogen um die gestreiften Insekten. Der Stich eines einzelnen Individuums sorgt somit für den Schutz der gesamten Gruppe. Das hat sich für die Wespen im Lauf der Evolution als sehr praktisch herausgestellt. Und wie immer im Leben finden sich – wenn etwas gut funktioniert – schnell Nachahmer. So kommt es, dass auch andere Insekten, wie zum Beispiel die Hainschwebfliege, den Wespenlook angenommen haben, obwohl sie gar nicht stechen können. Viele Schwebfliegen-, aber auch verschiedene Käferarten tragen

She's got the look! Sieht (fast) aus wie eine Wespe, kann aber nicht stechen: eine Schwebfliege.

heutzutage Schwarz-Gelb und profitieren vom Abschreckungseffekt der Wespen. Vögel und Amphibien fallen auf das Täuschungsmanöver herein und verschmähen die Scharlatane, obwohl diese eigentlich gut schmecken und gefressen werden könnten, ohne dabei einen Stich zu riskieren. In der Biologie ist diese evolutionäre Raffinesse unter dem Namen Mimikry (abgeleitet vom englischen Wort *mimicry* = Nachahmung) vielfach untersucht worden. Das Phänomen entspricht der Theorie von Charles Darwin, die besagt, dass alle Veränderungen durch zufällige Mutationen entstehen und dass diejenigen Veränderungen, die sich für eine Art als vorteilhaft herausstellen, aufgrund des Selektionsdruckes fortbestehen. Im Falle der Hainschwebfliegen bedeutet dies, dass irgendwann vor langer Zeit aufgrund einer zufälligen Veränderung des Erbgutes erstmals eine schwarzgelbe Variante entstanden ist. Da diese im Gegensatz zu den anderen Schwebfliegen nicht gefressen wurde, konnte sie sich gegen die Artgenossen durchsetzen, die keine Warntracht trugen, sodass heute alle Hainschwebfliegen schwarz-gelb gestreift sind. Damit die Mimikry dauerhaft funktioniert, ist es wichtig, dass die Nachahmer in der Unterzahl bleiben. Wenn das Verhältnis kippt und Vögel und andere Fressfeinde unbehelligt und massenweise schwarz-gelbe Schwebfliegen verzehren können, wird die Warntracht ihre Wirkung verlieren, da negative Erlebnisse ausbleiben. Während die meisten Vögel und Amphibien auf den Trick der Schutzmimikry hereinfallen und Schwebfliege und Co. in Ruhe lassen, können Wespen hingegen sehr genau unterscheiden, mit wem sie es zu tun haben. Sie fangen andere Insekten als Nahrung für ihre Brut und machen auch vor den Imitatoren nicht halt.

Den meisten Menschen fällt die Unterscheidung von Wespe, Biene und Schwebfliege deutlich schwerer. Hinzu kommt, dass es nicht die »eine« Wespe gibt, sondern dass allein in Deutschland mehr als 100 verschiedene Wespenarten vorkommen. Die meisten von ihnen sind zurückhaltende und friedfertige Insekten, lediglich zwei Arten sorgen für den schlechten Ruf der Hautflügler: Die *Deutsche Wespe* und die *Gemeine Wespe* (nomen est omen). Diese beiden Arten sind es, die Geschmack an Pflaumenkuchen, Schnitzel und Apfelschorle gefunden haben und den Menschen immer wieder lästig werden. Hat man Vertreter dieser Arten als ungebetene Gäste am Kuchen- oder Grillbuffet, gilt es, Ruhe zu bewahren. Hektische Bewegungen versetzen die Insekten in Alarmzustand und können aggressive Reaktionen hervorrufen. Auch der Versuch, die Tiere mit Wegpusten vom Teller zu vertreiben, ist keine gute Idee. Das in der Atemluft enthaltende Kohlenstoffdioxid versetzt die Tiere ebenfalls in den Alarmmodus. Weitere Tipps für ein friedliches Auskommen von Mensch und Wespe sind: Getränke abdecken, Strohhalme benutzen, Kleidung mit bunten Blümchenmustern sowie süßliche Parfüms vermeiden.

Der Stachel macht den Unterschied. Nur weibliche Wespen sind »bewaffnet«.

Wer dies berücksichtigt, wird wenig Ärger mit aufdringlichen Wespen haben. Die meisten Arten treten ohnehin nicht in Schwärmen auf, da sie solitär leben und in der Folge auch keine Nester bauen. Die sozial lebenden Wespen bilden hingegen Sommerstaaten, die von einer Königin im Frühjahr gegründet werden und mit dem Bau einer einzelnen Wabe beginnen. Im Gegensatz zu den Bienen wird das Wespennest nicht aus selbstproduziertem Wachs, sondern aus gesammeltem Holz gefertigt. Dieses »knabbern« die Tiere von morschen Bäumen und gern auch mal von Gartenmöbeln, Bootsstegen oder Holzzäunen ab. Wenn die Umgebungsgeräusche nicht zu laut sind, kann man das Holzraspeln nicht nur beobachten, sondern auch hören. Sind die ersten Zellen des neuen Wespennests gefertigt, legt die Königin in jede einzelne ein Ei und versorgt die ersten schlüpfenden Larven mit erbeuteten Insekten. Aus den Larven werden später Arbeiterinnen, die den Ausbau des Nestes vorantreiben und die Versorgung der Brut übernehmen. Die Nahrung besteht hierbei aus Blütennektar, Baumsäften – oder eben auch aus

BEE CAREFUL

Wespe und Biene im Vergleich

Auch wenn sich beide Insekten optisch ähneln, sind sie doch grundverschieden.

- Sowohl Bienen als auch Wespen können ihren Stachel im Einsatz gegen Vögel oder andere Insekten mehrfach verwenden. Wird allerdings ein Mensch gestochen, bleibt der Bienenstachel aufgrund seiner Widerhaken in unserer dicken und flexiblen Haut stecken; versucht die Biene nun, wieder davonzufliegen, reißt sie sich meist den eigenen Hinterleib auf und stirbt daran. Die Wespe hat eine kräftigere Hinterleibsmuskulatur und kann ihren Stachel auch aus der menschlichen Haut wieder herausziehen.
- Obwohl Wespen sich wie Bienen von Blütennektar ernähren, fehlt ihnen die Fähigkeit, diesen zu Honig zu verarbeiten.
- Bienen sind Vegetarier, Wespen verzehren auch Fleisch und fliegen deshalb gern das menschliche Grillbuffet an.
- Gut zu wissen: Nur die Arbeiterinnen von Bienen und Wespen haben Stacheln.

herausgebissenen Stückchen von Schnitzeln, Kuchen oder Marmeladenbrötchen.

Gut zu wissen: Auch Hornissen zählen zu den Wespen. Als größte heimische Wespenart wirken sie auf viele Menschen furchteinflößend. Zu Unrecht: Die Tiere sind scheu und friedlich. Kuchen und Grillwurst sind für Hornissen wenig anziehend und auch die Legende, dass drei Hornissenstiche einen Menschen töten können, ist längst widerlegt. Der Stich einer Hornisse ist aufgrund der Größe des Stachels zwar schmerzhafter, dafür aber weniger giftig als der einer »normalen« Wespe. Lediglich für Allergiker stellen die Stiche eine gesundheitliche Gefahr dar.

ZWERGFLEDERMAUS

Überflieger als Untermieter

Immer Stoßlüftung! Niemals Kipplüftung! Am besten Querlüftung! Richtiges Lüften ist gut fürs Raum- und Weltklima – das weiß heutzutage jedes Kind. Lüftungstipps tauchen mittlerweile derart häufig in den Ratgeberseiten von Zeitungen auf, dass man meinen könnte, Kipplüftungsfanatiker sind allein für die Zerstörung unserer Umwelt verantwortlich. Neben dem Klimawandel gibt es noch einen weiteren Grund, auf exzessives Kipplüften zu verzichten: die Zwergfledermaus. Das daumengroße Tier ist zwar ein Flugkünstler, der im ultraschallgesteuerten Zickzackflug durch die Dunkelheit rast und dabei täglich Hunderte von millimeterkleinen Insekten anpeilt und erbeutet. Bei Kippfenstern setzt jedoch die Fledermausintelligenz aus: Fledermäuse sind darauf konditioniert, kleine Felsspalten auf ihre Quartierstauglichkeit zu prüfen, und Kippfenster stellen für sie nichts anderes als eine derartige Spalte dar. Vor allem Jungtiere verirren sich oft in menschliche Behausungen. Wer vor dem Schlafengehen das dunkle Schlafzimmer noch einmal bei gekipptem Fenster durchlüftet, dem kann sogar eine Invasion der kleinen Flugsäuger drohen. Dann huschen Dutzende von Tieren lautlos durch das Kippfenster und machen es sich hinter Gardinen, Bildern oder in Vasen gemütlich. Sobald der bettfertige und ahnungslose Bewohner das Fenster wieder schließt und das Licht anknipst, neigen die Flattermänner zu einer verständlichen Panikreaktion, da ihnen ihre fluchtweglose Situation im grell erleuchteten Raum schlagartig offenbar wird. Wenn ein Schwarm wild gewordener Zwergfledermäuse durch das heimische Schlafgemach brettert, ist die Panik des Bewohners nur allzu verständlich; diese versetzt aber wiederum die Fledermäuse in eine noch größere Aufregung, was zu einer beiderseitigen Eskalation einer an sich harmlosen Situation führt. Fledermausexperten raten dann: Ruhe bewahren! Heftiges Gefuchtel und schnelle Bewegungen lassen die Tiere nur vollends in den Ausnahmezustand geraten, sodass sie möglicherweise gegen Glasscheiben oder Personen fliegen und sich dabei verletzen. Stattdessen sollte man lieber das Licht ausschalten und das Fenster weit öffnen. Nach einigen Flugeinlagen werden die Tiere die Wohnung verlassen und aufgrund der traumatischen Erfahrung im Regelfall nie wieder aufkreuzen – zumindest nicht hinter diesem Kippfenster. Werden die Tiere erst während des Tages entdeckt, dann sollte man sie für den Rest des Tages in Ruhe lassen. Schließlich wollen die Fledermäuse nur in Ruhe abhängen. Am Abend geht es dann durchs (weit geöffnete) Fenster hinaus.

Eine neugeborene Zwergfledermaus ist nicht viel größer als eine Wespe. Auch ein erwachsenes Exemplar wie dieses, kann sich bequem in einer Streichholzschachtel verkriechen.

Von Kippfenstern einmal abgesehen, hat sich die Zwergfledermaus bestens an das Leben in der Stadt gewöhnt. Die Tiere, die nicht größer als eine Walnuss sind und nicht mehr wiegen als ein 5-Cent-Stück, leben überall dort, wo sie sich in kleine Spalten quetschen können. In der freien Natur sind das Risse und Höhlen in Felsen oder Bäumen, in der Stadt Rollladenkästen oder Fassadenverkleidungen. Trotz ihrer Verirrungen in Wohnräume gilt die Zwergfledermaus in Deutschland als nicht gefährdet; allerdings weiß niemand so genau, wie viele Tiere es von dieser Art überhaupt gibt. Sie sind einfach zu klein, als dass man sie verlässlich zählen könnte. Doch auch für die Zwergfledermaus bietet das Stadtleben neuerdings seine Schattenseiten. Wo früher Quecksilberdampflampen – besser bekannt als Glühbirnen – Licht ins Dunkel der Stadt brachten, erhellen heutzutage immer mehr LED-Leuchten

MYTHEN

Doch ein bisschen Dracula?

Fledermäuse stehen bei vielen Menschen noch immer unter Vampirverdacht. In Deutschland kann diesbezüglich Entwarnung gegeben werden, lediglich in Südamerika saugen einige Arten Vögeln, aber auch Kühen und anderen trägen Zeitgenossen Blut aus den Adern. Dennoch gibt es eine Gemeinsamkeit. Zuschauer von Bram Stokers *Dracula* wissen: Graf Dracula – und alle anderen Vampire – meiden das Sonnenlicht wie das Weihwasser, da sie im Tageslicht bekanntermaßen verbrennen würden. Fledermäusen geht es ähnlich. Ihre extrem dünnen Hautflügel sind mit feinen Adern durchzogen, in denen sich das Blut unter Sonneneinstrahlung lebensgefährlich erwärmen würde, wenn sie zu lange unter freiem Himmel der anstrengenden Insektenjagd nachgingen. Sie machen es deshalb wie Graf Dracula. Kurz vor der Morgendämmerung geht es ab nach Hause.

die Straßen. Die klassischen Glühbirnenlampen waren nichts anderes als ein illuminiertes All-You-Can-Eat-Buffet für Fledermäuse. Vom Licht angelockte Insekten waren leichte Beute für die nächtlichen Jäger. Doch mit der Installation von immer mehr LED-Lampen blieb an vielen Lichtmasten die Küche kalt. Eigentlich liegen die Vorteile der LED-Beleuchtung klar auf der Hand: Weniger Insekten verbrutzeln an dem heißen Glas, die klammen Kassen der Kommunen freuen sich über niedrigere Stromkosten und das Klima über weniger CO_2. Doch die kleine Fledermaus leidet darunter. Der Grund: Die modernen Funzeln sondern kein UV-Licht ab, das Insekten normalerweise magisch anzieht. Für Naturschützer ein Dilemma: Einerseits sollen an den Straßenlampen weniger Insekten sterben, aber dennoch ausreichend von ihnen für die Fledermäuse da sein – im Irrgarten der ökologisch bedingten Zielkonflikte kann man sich eben leicht einmal verlaufen.

WASSERLÄUFER

Und ich kann übers Wasser geh'n!

Unter Wasserläufern gelten X-Beine nicht als Makel, sondern als Voraussetzung für eine Gabe, die einst schon die Jünger bei Jesus bestaunten: das Laufen übers Wasser. Anders als beim Heiland braucht man jedoch keine Bibel, um sich ein genaues Bild von der Sache zu machen. Ein stehendes Gewässer wie ein See, ein Tümpel oder auch schon eine größere Pfütze reicht aus, um Zeuge dieses Wunders werden zu können. Dass es mit dem Überwasserlaufen überhaupt klappt, haben die Tiere ihrer besonderen Anatomie zu verdanken: Das hintere und das mittlere Beinpaar der Insekten liegen in maximalem Abstand zueinander auf der Wasseroberfläche und helfen, das Gewicht auf eine möglichst große Fläche zu verteilen. Die beiden Vorderbeine hingegen sind kurz gehalten und dienen den räuberischen Wasserläufern bei der Jagd. Mithilfe dieser Anordnung und einer optimalen Aussteuerung von Gewicht und Beinlänge können die kleinen Flitzer die Oberflächenspannung des Wassers optimal ausnutzen und sich fortbewegen, ohne dabei einzusinken. Hierbei achten die Insekten peinlich genau darauf, dass ihr Körper nicht nass wird – nur die Fußgelenke und Beine kommen mit dem Wasser in Berührung.

Immer schön die Spannung halten: Auch der Paarungsakt der Wasserläufer findet auf dem Wasser statt, ohne dass die Tiere dabei einsinken.

Um sich nicht allein auf die Oberflächenspannung verlassen zu müssen, verfügen die Wasserläufer auch noch über eine Art »Airbag« der besonderen Art: Beine und Körper sind mit Wasser abweisenden Härchen überzogen, zwischen denen sich Luft befindet. Mit dieser Kombination aus Luftpolster und langen Extremitäten können sich die Tiere nicht nur perfekt auf dem Wasser halten, sondern auch sehr schnell fortbewegen. Eigentlich wäre die Bezeichnung »Wasserruderer« treffender, da die Insekten nicht wirklich laufen, sondern – vergleichbar mit einem Ruderer und seinem Paddel – mit ihren langen Beinen unterhalb der Wasseroberfläche kleine Wirbel erzeugen. Mit dieser speziellen Technik erreichen die flinken Tiere Geschwindigkeiten von bis zu 1,5 Metern pro Sekunde. Und das ist noch nicht alles: Wenn Gefahr droht, können Wasserläufer von der Wasseroberfläche abspringen und sich hierbei bis zu 40 Zentimeter weit durch die Luft katapultieren. Was auf den ersten Blick nur mäßig beeindruckend wirkt, ist in Wirklichkeit ein kleines Wunder. Denn anders als Grashüpfer, Frösche oder auch Kängurus hüpfen Wasserläufer nicht von festem Boden, sondern von der Wasseroberfläche ab. Wie ihnen dieses gelingt, ohne dabei die Oberflächenspannung des Wassers zu zerstören (und in der Folge direkt in der Tiefe des Teiches zu versinken), haben Forscher der Seoul National University untersucht. Hierbei fanden sie heraus, dass die Tiere beim Absprung ihre Beine nicht schlagartig beschleunigen, sondern ihre Kraft vielmehr allmählich erhöhen, sodass der Druck immer leicht unterhalb der Grenze liegt, bei der die Oberflächenspannung des Wassers reißen würde. Und noch etwas haben die Forscher entdeckt: Zusätzlich zu der kontrollierten Kraftausübung der Beine verlagern die Insekten im Verlauf des Abspringens ihre langen X-Beine nach innen zum Körper hin, sodass der wohldosierte Druck möglichst lange auf die Wasseroberfläche ausgeübt werden kann.

HALLELUJA!

Im Englischen wird der Wasserläufer passenderweise auch »Jesus Bug« genannt. Da er nicht nur bibelgleich laufen, sondern auch fliegen kann, sind Wasserläufer meist eine der ersten Arten, die sich an neu angelegten Teichen ansiedeln.

Mit derlei Tricks ausgestattet, sind die räuberischen Wasserläufer bestens für ihre »Jagd« auf dem Wasser gerüstet. Wenn irgendwo eine verträumte Fliege ins Wasser plumpst und sich zappelnd zu retten versucht, registrieren die Wasserläufer mithilfe ihrer Tasthärchen die Bewegung auf der Wasseroberfläche und können sich dank ihres Hochgeschwindigkeitsruderantriebs blitzartig ihrer Beute nähern. An den beiden kurzen Vorderbeinen befinden sich kleine Krallen, mit denen die Beute erfasst wird. Um nicht aus Versehen damit ins Wasser zu piksen, während sie übers Wasser flitzen, und dann infolge der plötzlich aufgelösten Oberflächenspannung schlagartig unterzugehen, sind die Krallen in einer Einbuchtung sicher verborgen. Die Kombination aus langen X-Beinen, feinmotorischer Sprungtechnik und gut verpackten Krallen macht die Wasserläufer zu wahren Meistern in der Beherrschung der Oberflächenspannung. Sogar die Paarung findet auf dem Wasser statt. Hierbei klettert das Männchen auf den Rücken des Weibchens. Die Bewegungen der Partner gehen sehr behutsam vonstatten, damit das Rendezvous nicht in Folge eines plötzlichen Verlustes der Oberflächenspannung im wahrsten Wortsinn ins Wasser fällt. Lediglich einer Sache sind die Tiere nicht gewachsen: Regen. Fallen Regentropfen ins Wasser, ist die Oberflächenspannung im Nu hinüber, was den Wasserläufern gefühlsmäßig den Teppich unter den Füßen wegzieht. Sobald es anfängt zu regnen ziehen sich die Tiere daher sehr schnell von der Wasseroberfläche zurück und bringen sich am trockenen Ufer in Sicherheit.

Abendmahl: Mehrere Wasserläufer beim kollektiven Verzehr einer ins Wasser gestürzten Fliege.

WANDERFALKE

Ferrari der Lüfte

Das liebste Jagdrevier der »SOKO Autoposer« ist der Hamburger Jungfernstieg. Hier tummelt sich die Beute der bekanntesten Sonderkommission der Hamburger Polizei: Ferraris, Lamborghinis, aufgemöbelte BMWs und aufgemotzte Golf GTIs. Häufig brüllen und brettern sie zu laut und zu schnell über die hanseatische Prachtmeile und geraten dabei in die Fänge der Ordnungshüter – der Kampf der Polizei gegen PS-Protzer ist ein beliebtes Schauspiel im Herzen der Hansestadt. Was die wenigsten Zuschauer des Spektakels ahnen: Nur wenige Meter über ihren Köpfen spielt sich ein mindestens genauso spannendes Schauspiel aus Geschwindigkeit, List und Lautlosigkeit ab: Der Luftraum über Alster, Jungfernstieg und dem Hamburger Rathausmarkt ist seit einigen Jahren das Jagdrevier des schnellsten Lebewesens auf unserem Planeten.

Mit dem Wanderfalken formte sich im Windkanal der Evolution über Millionen von Jahren ein technisch hochgerüsteter Flugapparat, dessen aerodynamische Geheimnisse noch immer nicht restlos entschlüsselt sind. Auch über seine maximale Geschwindigkeit gibt bis heute keine amtliche Zulassung Auskunft. Als gesichert gelten 300 Stundenkilometer, manche Experten glauben, bis zu 400 Stundenkilometer seien möglich. Sicher ist auch, dass sich der Jagderfolg des Wanderfalken auf das Überraschungsmoment und auf Angriffsstrategien gründet, die auch Kampfpiloten erlernen: das Opfer mit der Sonne im Rücken angreifen, Annäherung mit Höchstgeschwindigkeit, Anflug im toten Winkel. Hat der Falke einmal eine Amsel oder Taube ins Visier genommen, legt er seine Flügel an den stromlinienförmig perfektionierten Körper an und stürzt sich – manchmal fast senkrecht – in Richtung seines ahnungslosen Opfers. Die lautlos nach unten rasende Tropfenform hat dann nichts mehr mit der Silhouette eines Vogels gemein – für eine vom Gegenlicht geblendete Taube ist der Falke dann lediglich ein immer größer werdender Fleck am Himmel. Beim Aufprall auf seine Beute »schlägt« der Falke diese mit den Krallen bewusstlos oder wirft sie aus der Flugbahn. Das taumelnde Opfer ist dann eine leichte Beute. Die erstaunlichste Leistung ist jedoch die Schnellig-

Der Himmel über Berlin: Ein Wanderfalke thront über seinem Revier um den Berliner Alexanderplatz.

keit, mit der ein Falke vom Sturz- in den Steigflug übergehen kann. Hätte ein nach unten rasender Wanderfalke den Bremsweg eines normalen Ferraris, er würde am Hamburger Jungfernstieg zwischen den Wurstbuden der Einkaufsmeile einschlagen. Stattdessen gelingt es ihm – kurz bevor er kopfüber auf seinem Opfer aufschlagen würde –, seinen Körper aufzurichten und mit den Krallen voran zuzuschlagen. In diesem Moment wirken Beschleunigungskräfte bis zum 25-Fachen der Erdbeschleunigung auf ihn ein – eine Belastung, bei der jeder austrainierte Kampfpilot ehrenhaft ohnmächtig werden dürfte.

Dazu kommt eine weitere Herausforderung: Der Hochgeschwindigkeitsanflug muss punktgenau stattfinden, damit es am Ende überhaupt zu dem rasanten Wendemanöver kommen kann. Man kann den Wanderfalken hierbei mit einem modernen Düsenjet vergleichen, der Jagd auf ein altmodisches Propellerflugzeug macht. Da jedoch selbst der erfahrenste Wanderfalke seinen Kurs bei einem Sturzflug mit 250 Stundenkilometern nur minimal korrigieren kann, ist letzten Endes nur jeder fünfte bis achte Angriff erfolgreich. In den meisten Fällen rast er an seinem Opfer vorbei, wenn dieses – bewusst oder unbewusst – durch eine Richtungsänderung die angepeilten Zielkoordinaten verlässt.

Nicht nur für Menschen, sondern auch für den städtischen Wanderfalken können Kirchen der Himmel auf Erden sein – zumindest was das Angebot an Brutplätzen angeht. Die Türme der Gotteshäuser sind ein perfektes, vom Menschen erschaffenes Felsbiotop, in dem der Falke ungestört von Füchsen oder Fensterputzern sein Brutgeschäft erledigen kann. Nestbau ist für ihn allerdings ein Fremdwort, vielmehr legt er seine drei bis fünf Eier einfach auf den nackten Stein. Auf diese Weise brütet er beispielsweise auf der Hamburger Sankt-Petri-Kirche

WO KANN ICH DEN WANDERFALKEN BEOBACHTEN?

Die weltweit höchste Wanderfalkendichte herrscht in New York, genauer gesagt in (oder über) den Häuserschluchten Manhattans. Auch in Deutschland hat man in Großstädten gute Chancen, die Vögel zu Gesicht zu bekommen, beispielsweise in Hamburg an der Sankt-Petri-Kirche, rund um den Commerzbanktower in Frankfurt oder am Kölner Dom.

nur 30 Meter über dem Einkaufstrubel der Mönckebergstraße. Hierbei weiß er einen weiteren Standortvorteil zu nutzen: Tauben – seine Lieblingsbeute – gibt es in der Stadt wie Sand am Meer. Ein reiches Futterangebot und ein ungestörter Brutplatz zeichnen ein ideales Wanderfalkenrevier aus. Dabei ist es dem Greifvogel eigentlich völlig egal, wie hoch das Nest liegt. Mittlerweile beobachtet man sogar Wanderfalken, die ihre Eier einfach auf unzugänglichen Sandinseln im deutschen Wattenmeer ablegen. Für den Greifvogel ein wahres Schlaraffenland – nur dass ihm hier nicht gebratene Tauben, sondern ungebratene Zugvögel quasi direkt in den Mund fliegen.

Dass der Wanderfalke überhaupt noch existiert, grenzt allerdings an ein Wunder. Im 20. Jahrhundert machte ihm der Mensch das Leben zur Hölle. Viele Taubenzüchter jagten ihn erbarmungslos, Kletterer und Bergsteiger kraxelten auf seinen Brutstätten herum, und Falkner stahlen die letzten Eier, um vor dem drohenden Aussterben noch ein paar Exemplare der edelsten aller Falkenvögel aufzuziehen. Doch sein schlimmster Feind war ein unsichtbares Gift: DDT. Das über die Nahrung aufgenommene Unkrautvernichtungsmittel ließ die Eierschalen zerbröseln und Jungvögel verkrüppeln. In Deutschland war der Bestand auf gerade mal 50 Paare zusammengeschrumpft. Doch in ungeahnter Einigkeit mobilisierten weltweit

Aus großer Höhe erspäht der Falke seine Beute wie Tauben, Drosseln oder Stare. Das nächtliche Kunstlicht der Städte ermöglicht sogar die Jagd auf Zugvögel in der vermeintlichen Dunkelheit.

Naturschützer, Jäger und Politiker eine breite Öffentlichkeit für den Wanderfalkenschutz. Mit *Varda, der Wanderfalke* brachte der Disney-Konzern sogar ein verkitschtes Drama auf die Leinwand, das den gerührten Kinozuschauern erklärte, warum die Unkrautvernichtung am Sterben der Falken Schuld hatte. Roy Disney – damaliger Firmenchef des Konzerns – behauptete sogar einmal, dass man mit der tierischen Schmonzette den Wanderfalken gerettet habe. Eine leichte Übertreibung, aber sicher hat auch der Film zum weltweiten DDT-Verbot beigetragen, das den Wanderfalken schließlich vor dem Aussterben bewahrte.

SIEBENSCHLÄFER

Der schlafende Prophet

Das Konzept des Siebenschläfers ist wahrhaft teuflisch. Ähnlich wie der Marder verzapft er jede Menge Unfug, sieht dabei aber so niedlich aus, dass man ihm eigentlich kaum etwas übelnehmen kann. Mit seinen kleinen runden Ohren, dem weiß-grauen Plüschfell und seinem buschigen Schwanz wirkt er, als hätte man ein Chinchilla mit einem Eichhörnchen gekreuzt und es dann mit übergroßen dunklen Knopfaugen ausgestattet. Selbst erwachsene Siebenschläfer bedienen das Kindchenschema aufs Feinste. Dabei sorgt der (mit Schwanz) rund 30 Zentimeter lange Siebenschläfer immer wieder für Ärger. Geht man an Siebenschläfer-Tatorten auf Spurensicherung, so findet man meist angeknabberte Stromkabel, zerfetzte Dachisolierungen und sonstige kleinere Verwüstungen. Den meisten Menschen reichen derartige Indizien für ein eindeutiges Urteil – und das lautet: Der Marder war´s! Doch der generalverdächtige Raubsäuger ist nicht an allem schuld, was unter deutschen Dächern angerichtet wird, wie einige kuriose Beispiele zeigen. In München musste man für einen ganzen Tag den Tierpark Hellabrunn sperren, und das wegen eines einzigen Siebenschläfers! Dieser hatte es sich nachts in einem angenehm warmen Trafokasten gemütlich gemacht, an den Kabeln geknabbert und die komplette Stromversorgung des Zoos lahmgelegt. Auch bei der Deutschen Bahn kennt man das Problem. Zwei Siebenschläfer schafften es, einen ganzen Streckenabschnitt zuglos zu machen, indem sie im Stellwerk an entscheidender Stelle zubissen und außerdem »alles vollschissen«, wie sich Augenzeugen erinnerten. Anderswo konnten Bahnhofsaufzüge über Monate nicht repariert werden, weil irgendwo im Schacht ein schlafender Siebenschläfer vermutet wurde. Laute Reparaturarbeiten hätten die Tiere erschrecken und sogar aus dem Winterschlaf reißen können, sodass ihre körperliche Unversehrtheit nicht garantiert werden konnte, was man aber musste – schließlich steht der Siebenschläfer unter strengem Artenschutz. Auch auf Dachböden können die mausähnlichen Nager für erstaunlichen Krach und schlaflose Nächte bei den menschlichen Untermietern sorgen. Da-

Zu Forschungszwecken aufgeweckt: Für eine Studie untersuchten Wissenschaftler diesen (ganz vorsichtig!) ausgegrabenen Siebenschläfer.

bei ist der Siebenschläfer – wie der Name vermuten lässt – selbst die größte Schlafmütze unter den Säugetieren.

Seinen Winterschlaf in einer Erdhöhle beendet er erst, wenn über ihm schon längst bestes Freibadwetter herrscht – meist Ende Mai, manchmal erst im Juni. Er hat dann nur zwei Dinge im Köpfchen: Futtern und Fortpflanzung. Stellt er allerdings fest, dass nicht genügend Nahrung für sich und seinen potenziellen Nachwuchs verfügbar ist, legt er sich gleich wieder hin. Die Fortpflanzung muss dann warten und wird einfach aufs nächste Jahr verschoben. Der Siebenschläfer frisst sich lediglich ein paar neue Fettreserven an, um gut durch den nächsten Winter zu kommen beziehungsweise zu schlafen. Der Rekord im Dauerschlaf wurde bisher mit 11,4 Monaten gemessen, was einer kurzen Wachpause von zweieinhalb Wochen entspricht. Insgesamt scheint sich die Stressvermeidung durch Kinderlosigkeit für die Art auszuzahlen. Siebenschläfer werden durchschnittlich neun Jahre alt, manche sogar bis zu zwölf. Ein geradezu biblisches Alter für ein Nagetier, vergleicht man es etwa mit den emsigen Eichhörnchen, die ihren hektischen Lebensstil meistens nicht mehr als drei Jahre durchhalten. Ist also der Dauerschlaf das Geheimnis des langen Siebenschläferlebens? Eine Frage, die von der Wissenschaft in den vergangenen Jahren immer wieder mit »Ja«, »Nein« oder »Man weiß es nicht so genau« beantwortet wurde. Zudem hängt sie mit der größten aller Fragen zusammen: Kann man ewig leben? Die Antwort findet der Mensch auf zwei Arten: durch einen Blick entweder in die Bibel (Ja, man kann!) oder auf die äußersten Enden unserer Chromosomen (Nein, man kann nicht!). Die Chromosomen speichern unsere gesamten Erbinformationen in einem langen DNA-Strang. Auf dem Ende dieses Stranges stecken besondere »Schutzkappen«, die sogenannten Telomere. Diese nutzen sich durch ständige Zellteilung ab, was irgendwann zum Absterben der Zelle und damit zum Alterungsprozess eines Lebewesens führt. Vereinfacht ausgedrückt, gilt für Mensch und Siebenschläfer die Regel: Je länger die Telomere, desto länger das Leben. Wenn sich die Telomere nicht mehr abnutzen würden, winkte die Unsterblichkeit. Wissenschaftler glauben, Hinweise dafür gefunden zu haben, dass der Siebenschläfer seine im Winter geschrumpften Telomere im Sommer einer »Verjüngungskur« unterziehen kann. Nicht etwa der Dauerschlaf, sondern die Fressattacken in der sommerlichen Aktivitätsphase seien dafür verantwortlich.

Die Forscher konnten eine signifikante Verlängerung der Telomere vor allem bei den Tieren feststellen, die sich im Sommer die Bäuche so richtig mit Nüssen und Bucheckern vollgeschlagen hatten. Bei Tieren, die unter einem schlechteren Nahrungsangebot litten, verkürzten sich hingegen die Telomere. Bei Menschen ist unter normalen Umständen eine Verlängerung der Telomere nicht möglich. Sie kann – man muss es sicherheitshalber an dieser Stelle sagen – auch nicht durch ständiges Fressen und Schlafen erzielt werden!

Doch der Siebenschläfer trägt ein weiteres Geheimnis mit sich herum, das bis jetzt niemand entschlüsseln konnte und viel mit seiner Lieblingsspeise zu tun hat – den Bucheckern. Diese sind für ihn Segen und Fluch zugleich. In manchen Jahren gibt es sie massenhaft in den Buchenwäldern, in anderen Jahren hängen kaum welche der dreieckigen rotbraunen Nüsschen in den Bäumen. Das Unerklärliche dabei: Noch während der Siebenschläfer einen Meter unter der Erde das Frühjahr verpennt, ahnt er bereits, ob es einen Herbst mit vielen Bucheckern geben wird. Mittlerweile weiß man, dass seine prophetischen Fähigkeiten mit körperlichen Veränderungen einhergehen. In Jahren mit einem guten Nahrungsangebot vergrößern sich die Hoden der Männchen bereits im Frühjahr, wodurch der Siebenschläfer zur Fortpflanzung animiert wird. Wenn sich ein Männchen dann nach durchschnittlich acht Monaten aus seinem Winterlager an die Oberfläche gebuddelt hat, weiß es bereits, ob sich die Mühe, vier bis sechs Jungtiere aufzuziehen, überhaupt lohnt. Fressen tut er auf jeden Fall, ob er nun Nachwuchs plant oder nicht. In nur vier Wochen verdoppelt der Siebenschläfer sein Körpergewicht auf rund 200 Gramm.

Den Tag verschlafen die Nager gern in verlassenen Baumhöhlen; aktiv werden sie erst in der Nacht, in der sie sich mit ihrem guten Gehör und dem ausgezeichneten Tastsinn bestens zurechtfinden. Ihre sogenannten Tasthügel – besonders empfindliche Körperstellen im Gesicht, am Kinn und an den Unterarmen – helfen ihnen, sich auch in tiefster Finsternis zu orientieren. Seine bis zu sechs Zentimeter langen Schnurrbarthaare machen ihn nicht nur

Fünf neugierige Jungtiere sondieren von einem Kippfenster die Lage in einer Garage.

niedlicher, sondern er kann mit ihnen auch abschätzen, ob er durch ein Hindernis oder in eine Höhle passt oder nicht. Ausnahmen bestätigen dabei die Regel. Es wurden nämlich schon Siebenschläfer gesichtet, die kopfüber in einer Spechthöhle feststeckten, weil das gut genährte Hinterteil offensichtlich doch nicht hindurch passte. Die zwangsläufig eintretende Gewichtsabnahme sorgt in solchen Fällen aber früher oder später für ein Ende der misslichen Lage. Kommt ihm trotzdem mal ein Feind zu nahe, wartet der Sieben-

DELIKATESSE

Römertopf und Slowenen-Gulasch

Stimmt es, dass heutzutage immer noch Siebenschläfer gegessen werden?

In Deutschland ist das eher unüblich, in anderen Ländern jedoch schützt Niedlichkeit nicht vor dem Kochtopf. Die Slowenen schwören auf Siebenschläfer-Gulasch, und die Jagd auf die Nagetiere hat dort seit Jahrhunderten Tradition. Aufgrund der Bucheckern ist der Geschmack leicht süßlich; um satt zu werden, braucht es allerdings rund zehn Siebenschläfer. Schon die Römer schätzten das schmackhafte Fleisch und mästeten die Tiere in großen Tontöpfen oder in kleinen ummauerten Gärten, die man extra für die Siebenschläferzucht angelegt hatte.

Hat der Siebenschläfer etwas mit dem Siebenschläfertag zu tun?

Der 27. Juni ist der sogenannte Siebenschläfertag und gilt als der Tag, an dem sich das Wetter für die darauffolgenden sieben Wochen vorhersagen lässt. Oder wie es die Bauernregel ausdrückt: »Wenn die Siebenschläfer Regen kochen, dann regnet's ganze sieben Wochen.« Auch wenn die Tiere über prophetische Fähigkeiten bezüglich der Bucheckernernte verfügen – mit dem Siebenschläfertag haben sie nichts zu tun. Vielmehr gedenkt man jedes Jahr an diesem Tag den »Sieben Schläfern von Ephesus«, die auf der Flucht vor Verfolgung – und von Gott behütet – in einer Höhle einige Jahrhundert schlafend verbrachten. Als sie aufwachten, waren sie ihre Verfolger los! Meteorologische Fähigkeiten hatten aber auch sie nicht.

schläfer mit einem Spezialtrick auf, den man bei einem Säugetier so nicht vermutet hätte – er wirft seinen Schwanz ab. Besser gesagt, kann er durch eine lockere Sollbruchstelle seine buschige Schwanzhaut abstreifen, falls ihn eine Eule oder ein Sperber einmal gepackt hat. Zudem hat er saugnapfähnliche Füße mit einem klebrigen Sekret, mit denen er ähnlich wie ein Gecko senkrecht die Wände hoch- und wieder runterflitzen kann.

Dass er sich zunehmend in Dachböden, Garagen, Carports oder Gartenschuppen niederlässt, mag vor allem an den forstwirtschaftlich aufgeräumten Wäldern liegen. Sommerverstecke werden immer seltener, sodass der Siebenschläfer die Nähe zu menschlichen Behausungen zwangsläufig suchen muss. Jedem, der sich – trotz stupsnasiger Niedlichkeit – an seiner Anwesenheit stört, sei gesagt: Siebenschläfer stehen unter Naturschutz. Sie dürfen nur mit Lebendfallen gefangen und müssen wieder ausgesetzt werden! Dies sollte in ausreichender Entfernung stattfinden, wobei Entfernungen von mehr als zwanzig Kilometern empfohlen werden. Denn was die eigene Behausung angeht, beweist der Siebenschläfer bewundernswerte Hartnäckigkeit. Es gibt zahlreiche Berichte, bei denen sich der Langschläfer mit beeindruckendem Orientierungssinn über fünf oder zehn Kilometer zurück in seinen Bau schleppte.

MAULWURF
Voll am Anbaggern

Eigentlich sind Maulwürfe unauffällige Tiere, die auf der Suche nach runterplumpsenden Regenwürmern weitestgehend unbemerkt durch ihr unterirdisches Gangsystem flitzen. Das Tunnelnetzwerk eines einzelnen Maulwurfes ist zwischen 70 und 250 Meter lang und umfasst eine Fläche von circa 2000 Quadratmetern. Ist das System aus Schlaf-, Nest- und Vorratskammern einmal angelegt, wird es in der Regel nicht mehr groß verändert. Bis auf eine Ausnahme: Im Frühjahr, wenn die Paarungszeit ansteht, fangen die Männchen an, die Damenwelt im wahrsten Sinn des Wortes anzugraben. Da Maulwürfe ausgesprochene Einzelgänger sind und jedes Tunnelsystem immer nur von einem einzelnen Tier bewohnt wird, treffen Männchen und Weibchen im Alltag nicht aufeinander; sie haben somit keinerlei Gelegenheit, den anderen einmal anzuflauschen. Aus diesem Grunde beginnen die Männchen im Frühjahr, ihre Tunnel zu erweitern, um ihre Herzdame anzubaggern. So mancher Gartenbesitzer wird hiervon unfreiwillig Zeuge, da die Maulwürfe auf der Suche nach einer Liebsten ihr Revier beachtlich ausweiten und dabei so manchen Erdhaufen aufwerfen. Bis zu 100 Meter Tunnel kann ein motivierter Maulwurf innerhalb eines Tages ausheben und entsprechend viele Hügel hinterlassen.

Hobbygärtner aufgepasst: Selbst, wenn die Tiere eine gepflegte Rasenfläche innerhalb kürzester Zeit in einen wilden Acker umwandeln, gilt es, Ruhe zu bewahren. Maulwürfe stehen unter Naturschutz und dürfen nicht getötet werden. Auch das Platttreten der Hügel hilft nichts, im Gegenteil: Maulwürfe produzieren durch ihre Atmung überdurchschnittlich viel Kohlenstoffdioxid, das sie durch die Löcher in den Hügeln nach außen ableiten, um nicht innerhalb kurzer Zeit zu ersticken. Wenn die Lüftungswege durch Platttreten verschlossen werden, wird der Maulwurf dadurch gezwungen, zeitnah neue Haufen aufzuwerfen, um die Durchlüftung wiederherzustellen.

Maulwürfe sind Nahrungsspezialisten und ganz auf Regenwürmer eingestellt. Ab und an darf es auch mal ein Engerling oder ein Insekt sein, schwerpunktmäßig stehen aber die saftigen Würmer auf dem Speiseplan. Um diese zu erwischen, hat der Maulwurf eine Technik entwickelt, die ähnlich wie ein Spinnennetz funktioniert. Der fleißige Buddler baut sich zunächst ein weitverzweigtes Tunnelsystem und legt sich dann mit geschärften Sinnen auf die Lauer. Es gilt die alte Maulwurfweisheit: »Wer nicht sehen kann, muss fühlen.« Da die Tiere sehr feine Sensoren haben und leichteste Erschütterungen

Manchmal muss man als Maulwurf ganz schön baggern, bis man die Richtige gefunden hat!

wahrnehmen, spüren sie, wenn irgendwo ein Wurm in ihren Tunnel fällt. Dann heißt es Gas geben, bevor sich der Wurm verkriechen kann! Maulwürfe flitzen mit einer Geschwindigkeit von bis zu 67 Metern in der Minute (entspricht immerhin vier Kilometern pro Stunde) durch ihre Tunnel und können dies dank ihres Fells, das keine »Strichrichtung« hat, praktischerweise im Rückwärts- wie auch im Vorwärtsgang. Der Großteil des Tunnelsystems befindet sich etwa zehn bis zwanzig Zentimeter unter der Erdoberfläche – lediglich in sehr trockenen Sommerwochen sowie bei Frost verlegen die Tiere ihre Gänge in größere Tiefen von bis zu 60 Zentimetern. Maulwürfe haben eine hohe Stoffwechselrate und verspüren daher permanent Hunger. Sie müssen täglich etwa die Hälfte ihres eigenen Gewichts an Nahrung zu sich nehmen und so vertilgt ein 100 Gramm schwerer Maulwurf im Lauf eines Jahres bis zu 30 Kilogramm an Regenwürmern, Schnecken und Engerlingen. Um im Winter nicht zu verhungern, legen sich die Fleischfresser Vorratskammern mit Regenwürmern an. Damit sich die Würmer nicht auf und davon machen, beißen ihnen die Maulwürfe einfach das vordere Körpersegment ab. Das ist gleichermaßen nahrhaft wie praktisch: Die Würmer bleiben dabei am Leben, können jedoch nicht mehr fliehen.

ERDWERFER

Der Name »Maulwurf« kommt nicht etwa von »Maul«, sondern leitet sich vom altdeutschen »Molte« (= Erde) ab. Im Mittelhochdeutschen nannte man die Tiere noch »Moltwerf«, sodass sich der Name Maulwurf am besten mit »Erdwerfer« übersetzen lässt.

GOTTESANBETERIN

Ein Ende mit Schrecken

Wenn es wirklich stimmt, dass der Mensch und die Natur von Gott allein geschaffen wurden, dann hat er in nur sieben Schöpfungstagen eine erstaunliche Leistung abgeliefert. Wer in einem derart angespannten Zeitplan die Baupläne für den Dreieckigen Graukesselrüssler und den Schwachzottigen Kleinrüssler erdenkt, sich gleichzeitig noch rund 62 000 weitere Rüsselkäfer- und acht Millionen andere Tierarten aus dem Kreuz leiert, dem darf man Respekt zollen. Bei manchen Tierarten muss dem größten aller Baumeister allerdings ein kleines Teufelchen auf der Schulter gesessen haben – anders ist das grausame Leben und (manchmal grausame) Sterben der Gottesanbeterin nicht zu erklären.

Als man das circa acht Zentimeter lange Insekt vor rund 20 Jahren auf einem verlassenen Güterbahnhof inmitten von Berlin entdeckte, handelte es sich um nichts weniger als um eine zoologische Sensation. Der Klimawandel war damals noch kein Thema, trotzdem stellte das wärmeliebende Tier zwischen Berliner Bahngleisen und Basaltschotter seiner Beute nach. Was hatte das südländische Insekt in die nördliche Millionenstadt getrieben? Bereits damals waren Städte sogenannte »Wärmeinseln«, in denen ganz andere klimatische Bedingungen herrschten als im Umland. Wer im Frühjahr vom Brandenburger Tor durch den Tiergarten wandelt, wird feststellen: Es grünt, sprießt und blüht früher als vor den Toren der Stadt. Der Grund: Großstädte sind nichts anderes als riesige Akkus aus Beton und Asphalt. Wenn die Sonne tagsüber über den Berliner Straßen und Gebäuden brütet, speichern diese wesentlich mehr Wärme als eine Wiese in der Uckermark. Hundertausende von Autos, Kraftwerke und warme Abluft aus Lüftungsschächten heizen zusätzlich ein. Die Innenstadt von Berlin zählt heutzutage zu den wärmsten Orten Deutschlands. Bis zu 10 Grad kann der Temperaturunterschied zum umliegenden Land betragen, was die Hauptstadt zu einem echten Hotspot für wärmeliebende Insekten macht.

Mit dem Einzug der Gottesanbeterin ist die Berliner Güterbahnhofsfläche auch für Schmetterlinge, Grillen, Eidechsen, Schlangen oder sogar kleine Frösche zu einem heißen Pflaster geworden. Die eigentlich im Mittelmeerraum heimische »Fangschrecke« lauert hier meist regungslos im Gebüsch. Die langen, eingeklappten und mit Widerhaken besetzten Fangarme sehen dann aus, als bete sie zu ihrem vermeintlichen Schöpfer. In Wirklichkeit sind sie aber ihre stärkste Waffe. Mit einer Geschwindigkeit, die sechsmal schneller ist als die Bewegung eines menschlichen Augenlids, krallt sie sich ihre Beute mit einem tierischen Kung-Fu-Schlag. In China wurde einer der beliebtesten Kung-Fu-Stile nach ihr benannt: Tang Lang Quan – das »Gottesanbeterinnen-Kung-Fu«. Tödlich ist der Schlag meist nicht, weshalb sie das zappelnde Opfer bei lebendigem Leib verspeisen

Aufrechter Gang: Eine Gottesanbeterin droht zweibeinig mit ihren bedornten Fangarmen.

muss. Das ist in Insektenkreisen durchaus üblich, im Fall der Gottesanbeterin wirkt es jedoch besonders schaurig, da ihr Körper dabei wie eine 3-D-Vorlage für ein übellauniges Insekten-Alien anmutet. Wer das Glück hat, einmal eine Gottesanbeterin beobachten zu können, mag zudem den Eindruck gewinnen, ein Insekt mit menschlichen Zügen vor sich zu haben. Sie beherrscht eine der Eigenschaften, die als kennzeichnend für den Menschen gilt – den aufrechten Gang. Die Gottesanbeterin kann sich zweibeinig aufrichten und in dieser Drohhaltung wehrhafter wirken, als sie es in Wahrheit ist. Noch unheimlicher wird es, wenn sie ihren Kopf um bis zu 180 Grad dreht und dem Blick des Betrachters mit ihren riesigen Facettenaugen folgt – eine fast einzigartige Fähigkeit im Insektenreich. Als Mensch fühlt man sich dann durchaus beobachtet, gefährdet ist man nicht. Weitaus gefährlicher kann es aber für manche Vögel werden. Lange Zeit hielt man es für eine zoologische Legende, dass Gottesanbeterinnen kleine Singvögel verspeisen. Im Rahmen eine Studie amerikanischer und Schweizer Ornithologen sammelte und sichtete man gemeldete Vogelmordfälle der letzten Jahre. Das Ergebnis: Sowohl bei der Europäischen Gottesanbeterin als auch bei anderen Fangschrecken gehören Vögel definitiv ins Beuteschema. Sie werden meist aus dem Hinterhalt an Futterstellen angegriffen. Die Schrecke zielt dabei auf Hals, Kopf oder Kehle, was den Vogel nicht immer tötet, aber zumindest bewegungsunfähig macht. Wahlweise skalpieren die Insekten dann ihre halbtote Beute oder beweisen gar echte Zombiequalitäten: Sie bohren ein Loch in den Vogelschädel, verspeisen die Hirnmasse und enthaupten den Vogel nach vollendeter Mahlzeit.

Aufhorchen lassen auch die Hörfähigkeiten der Schrecke, die ihr (eines) Ohr dort hat, wo ein anständiger Alien eben sein Ohr hat: mitten auf dem Bauch. Mit den (beiden) Trommelfellen kann sie Ultraschalltöne wahrnehmen und damit einen ihrer schlimmsten Feinde ausmachen – die Fledermaus. Aus welcher Richtung die Schall-

VERBREITUNG

Wo kann man Gottesanbeterinnen beobachten?

Noch ist das Vorkommen in Berlin ein inselartiger Vorposten des Insekts, das mit dem Klimawandel nach Mitteleuropa zurückkommt. Von Süden erobert die Gottesanbeterin Deutschland. Ihr Einfallstor ist wahrscheinlich die »Burgundische Pforte«, eine geologische Formation zwischen Rhone- und Rheintal, die den Durchfluss warmer Luft aus dem mediterranen Raum ermöglicht. Besonders häufig ist die Fangschrecke in und um Freiburg, in Südbaden und auch schon in Rheinland-Pfalz. Über das klimatisch milde Elbetal dringt sie nach Sachsen vor, und Meldungen aus dem Moseltal deuten auf eine Einwanderung über Luxemburg hin. Die Gewinnerin des Klimawandels gilt allerdings nicht als »invasive« Art, da sie vor der letzten Eiszeit schon einmal in Deutschland vorkam. Stattdessen landete sie gleich auf der Liste der streng geschützten Arten und heimste im Jahr 2017 eine besondere Ehre ein: Man kürte die männermordende Schrecke zum Insekt des Jahres.

wellen kommen, kann sie mit dem Mono-Ohr nicht erkennen. Hört sie eine Fledermaus, stürzt sie sich augenblicklich in einem spiralförmig verlaufenden Sturzflug zu Boden. Ein Rettungsmanöver, dem die Fledermaus nur schwer folgen kann. Manchmal lauert der Feind aber auch im eigenen Bett beziehungsweise in der eigenen Familie. Wenn das Männchen nach dem Sex noch zum Essen bleibt, ist das bei den Fangschrecken nicht immer ein gutes Zeichen für eine langfristige Partnerschaft. Ist das Weibchen nach dem Paarungsakt noch hungrig, verputzt es das Männchen kurzerhand. Evolutionär ergibt dieses Verhalten durchaus einen Sinn: Die Zahl der Eier ist mit einem gut verdauten Männchen höher, als wenn die Eiablage mit hungrigem Magen stattgefunden hätte. Zur Ehrenrettung des Weibchens muss gesagt werden, dass die Männchen nicht ausschließlich während oder nach der Paarung verspeist werden. Häufig auch davor, was einer erfolgreichen Begattung allerdings nicht unbedingt zuträglich ist.

In einigen Fällen droht aber sowohl Männchen als auch Weibchen eine Gefahr, die aus dem Horrorkabinett der Evolution zu stammen scheint und die in einem wahren Zombie-Albtraum enden kann. Wenn eine Gottesanbeterin der Larve einer bestimmten Saitenwurmart zu nahe kommt, kann sich diese an einer weichen Stelle in den Körper bohren, wo sie zu einem sehr dünnen, aber bis zu zwei Meter (!) langen Wurm heranwächst. Ist der Parasit geschlechtsreif, klinkt er sich in die Nervenbahnen seines Wirtes ein, übernimmt die Kontrolle und treibt das Tier in den Selbstmord. Im Falle der Gottesanbeterin gelingt es dem Wurm mithilfe eines Botenstoffes, das Insekt zu einer Pfütze, einem Tümpel oder einem anderen Gewässer zu lenken. Unter normalen Umständen würde die Gottesanbeterin Wasser tunlichst meiden, jetzt jedoch stürzt sie sich als willenloser Zombie in ihr feuchtes Grab. Sobald der Wurm die feuchte Umgebung bemerkt, öffnet er den Körper der Fangschrecke von innen und quillt aus seinem sterbenden Wirt heraus. Derartige Zombies sind in Berlin (von einzelnen Berghain-Besuchern vielleicht einmal abgesehen) zwar noch nicht gesichtet worden, aber auszuschließen ist es nicht: ein Ende mit Schrecken.

Dinner für one: Eine weibliche Gottesanbeterin verspeist ein männliches Exemplar. Schlauerweise erst nach der Paarung.

GRAUREIHER

Auf einem Bein kann man (nicht) stehen

Graureiher stellen hinsichtlich ihres Lebensraums keine besonderen Ansprüche. Alles, was sie brauchen, ist ein Gewässer mit einer breiten Flachwasser-Uferzone; auch eine Feuchtwiese wird gern genommen. Dabei spielt es keine Rolle, ob es sich um einen Binnensee, einen Fluss oder ein Überschwemmungsgebiet an der Küste handelt. Immer häufiger lassen sich die großen Schreitvögel auch an städtischen Gewässern wie Seen, künstlichen Teichen oder Regenrückhaltebecken beobachten. Die Graureiher haben sich an das Leben in der Nähe der Menschen gewöhnt und scheuen auch vor Gewässern, auf denen viel Betrieb herrscht, nicht zurück. Die Fluchtdistanzen der Tiere sind im städtischen Bereich dabei deutlich niedriger als in ländlicher Umgebung. Während ein Graureiher auf freiem Feld einen Menschen auf maximal 50 bis 70 Meter an sich herankommen lässt, kann man sich den Vögeln an innerstädtischen Gewässern und in Parks bis auf wenige Meter nähern. Die Tiere wissen das Verhalten der Menschen sehr genau einzuschätzen und legen im Zuge der innerstädtischen Besiedelung zunehmend die Scheu vor dem Menschen ab. Mitunter besuchen die Reiher auch als (meist ungebetene) Gäste private Gartenteiche und verköstigen sich hier an Goldfischen oder Koikarpfen. Wer nach den Stichworten »Graureiher« und »Vergrämung« im Internet sucht, findet zahlreiche Ratschläge und Tipps, was man als Gartenbesitzer tun kann, um die Tiere vom eigenen Teich fernzuhalten. Die Bandbreite reicht von der klassischen Vogelscheuche über akustische Vergrämer bis hin zum sogenannten »Reiherschreck« – einer Kombination aus Bewegungsmelder und Gartenschlauch, der die Tiere durch gezieltes Nassspritzen vertreiben soll. Doch nicht nur im privaten Umfeld versucht man, die Vögel auf Distanz zu halten. Auch auf Flugplätzen sind die Vögel ungebetene Gäste. Im Sinne der Flugsicherheit versuchen die Betreiber größere Vogelbestände von ihrem Gelände zu vergrämen – zu groß ist die Gefahr, dass die Tiere in die Triebwerke der Flugzeuge geraten, was im schlimmsten Fall zu einem Absturz führen kann. Am Flughafen Bremen hat man verschiedene Erfahrungen mit Graureihern gemacht. Auf dem Gelände ist zwar kein Gewässer vorhanden, dennoch hatte es sich Ende der 1990er-Jahre zu einem echten Reiher-Hotspot entwickelt. Grund dafür waren Wühlmäuse, die sich in großer Zahl auf den Grünflächen tummelten und damit eine reichhaltige Nahrungsquelle für die Reiher boten. Um dem Reiherproblem Herr zu werden, griff man zunächst zur rabiaten Methode des Abschießens. Allein: Der »Erfolg« währte nur kurz und es dauerte nicht lang, bis neue Graureiher nachkamen. Erst als man die Wühlmauspopulation dezimierte und den Vögeln damit die Nahrungsgrundlage entzog, ließ sich die Anzahl der ansässigen Reiher dauerhaft reduzieren. In letzter Zeit besiedeln die anspruchslosen Vögel immer häufiger auch Zoos und Tierparks. Zum Leidwesen der Betreiber haben die Graureiher die künstlich angelegten Teiche für Pelikane, Flamingos und Co. für sich entdeckt und machen auch vor dem Futter der anderen Zootiere nicht halt. Denn obwohl der Graureiher im Volksmund oft »Fischreiher« genannt wird, besteht seine Nahrung keinesfalls nur aus Fischen. Auch Frösche, Insekten, Schnecken, Mäuse und sogar Maulwürfe stehen auf seinem Speiseplan. Der

JÄGER UND GEJAGTE

Auch wenn der Graureiher seit Beginn der 1970er-Jahre zu den geschützten Arten zählt, unterliegt er weiterhin dem Jagdrecht. Mit Ausnahme von Bayern, wo Graureiher im Herbst unter besonderen Auflagen gejagt werden dürfen, besteht jedoch eine ganzjährige Schonzeit. Anders als zum Beispiel der Kormoran stellt der Graureiher keine ernsthafte Bedrohung für die Fischereiwirtschaft dar. Die kommerziellen Fischgewässer sind für die Jagdtechnik der Vögel ungeeignet. Da Reiher nicht tauchen, sondern nur knietief am Ufer stehen, werden sie für größere und tief schwimmende Fische nicht gefährlich.

Graureiher ist ein typischer »Lauerjäger«, der meist stillstehend oder langsam schreitend nach Beute Ausschau hält. Er kann minutenlang bewegungslos verharren, während er darauf wartet, dass ihm seine Beute direkt vor die Füße schwimmt oder krabbelt, um dann blitzartig seinen s-förmig gebogenen Hals nach vorne zu schleudern und sein Beutetier zu packen. Dass die Reiher mit ihren langen Beinen und dem hoch liegenden Körperschwerpunkt bei dieser Jagdmethode nicht permanent umkippen, haben sie einem zweiten Gleichgewichtsorgan zu verdanken. Dieses befindet sich im Rückenmark der Tiere und stellt sicher, dass die Vögel problemlos ihre Balance halten und selbst bei starkem Wind stundenlang auf einem Bein stehen können. Dabei stellt sich die Frage, warum die Reiher eigentlich so häufig auf einem Bein stehen und sogar einbeinig schlafen. Der Grund für diese Fähigkeit ist eine Energiesparmaßnahme: Die langen federlosen Beine der Vögel sind oft über längere Zeit dem kalten Wasser oder der kühlen Witterung ausgesetzt. Und auch wenn die Vögel in der Lage sind, in kalter Umgebung die Blutzufuhr zu den Beinen zu reduzieren, müssen sie dennoch viel Energie aufbringen und permanent »gegenheizen«. Um den entsprechenden Aufwand so gering wie möglich zu halten, haben sich die Tiere als flauschige Energiesparmaßnahme angewöhnt, so oft wie möglich ein Bein unter das wärmende Bauchgefieder zu schieben.

Zugvögel: Graureiher sind sogenannte »Teilzieher« – die meisten von ihnen überwintern in den Mittelmeerländern.

ERDKRÖTE

Liebestolle Langstreckenläufer

Zugegeben: Nach menschlichen Maßstäben ist die Erdkröte keine Schönheit. Ihr Körper ist mit warzigen, giftige Sekrete absondernden Hautdrüsen übersät, und auch die hervorstehenden kupferfarbenen Augen mit quer liegenden Pupillen wirken nicht sehr vertrauenserweckend. Schon in alten Märchen und Fabeln galt die Kröte als das hässlichste Tier der Schöpfung und bekam als im Brunnen lebendes Schattenwesen stets zweifelhafte Rollen. Auch heute noch muss sich die Kröte in der Beliebtheitsskala der Amphibien weit hinter Kollegen wie Grasfrosch oder Teichmolch einreihen – und wird dabei zumeist sehr unterschätzt.

Wenn im März die Temperaturen steigen, erwachen die Kröten ebenso wie Molche und Frösche aus ihrer Winterstarre und rücken für wenige Wochen in das Blickfeld des Menschen. Sobald die nächtlichen Temperaturen eine Höhe von fünf Grad erreichen, gehen die Kröten auf Wanderschaft. Erdkröten verbringen die meiste Zeit des Jahres an schattigen Plätzen im Wald. Auch in Gärten trifft man die Amphibien gelegentlich, wo sie unter Kaminholzstapeln, in Steinhaufen oder an feuchten Kellertreppen ein eher unauf-

KRÖTE ODER FROSCH

Wer sich unsicher ist, ob er einen Frosch oder tatsächlich eine Kröte vor sich hat, kann die Tiere gut an der Art der Fortbewegung unterscheiden: Beide können hüpfen, aber nur die Kröte kann »gehen«. Im Normalmodus geht die Kröte, nur bei Gefahr hüpft sie. Einen Springwettbewerb würde der Frosch mit großem Vorsprung gewinnen. Seine Hinterbeine sind deutlich länger als die der Kröte. Weitere Unterschiede: Frösche haben Schwimmhäute zwischen den Zehen, Kröten nicht. Vom Gesamteindruck kommt ein Frosch schlanker und insgesamt sportlicher daher, wohingegen die Kröte gedrungen und plump erscheint.

fälliges Leben führen. Wenn jedoch im Frühjahr die Paarungszeit beginnt, verlassen die Kröten ihr angestammtes Revier. Da sie ihre Eier im Wasser ablegen, machen sie sich auf den Weg und streben Seen, Teiche oder Tümpel an. Auf ihrer Reise zum Laichrevier können sie Strecken von bis zu fünf Kilometer zurücklegen. Nicht selten müssen die Kröten auf ihrer Wanderung Wohngebiete und Straßen passieren. Da die Tiere recht langsam unterwegs sind und ihren Weg nicht hüpfend, sondern im Schreitgang bewältigen, stellen Straßen eine große Gefahr für die Kröten dar. Erdkröten haben eine ausgeprägte Laichplatztreue, sie gehen zum Ablegen der Eier stets zu demjenigen Gewässer zurück, in dem sie selbst einmal geschlüpft sind. Hierbei sind sie sehr fokussiert, um nicht zu sagen stur, und lassen sich durch nichts von ihrem Weg abbringen. Stoßen die Kröten während ihrer Wanderung auf Hindernisse wie zum Beispiel Hauswände, so kriechen sie an diesen entlang, bis sie das Hindernis umrundet haben und sich wieder auf ihrer Route zum Laichrevier befinden. Naturschützer machen sich dieses Verhalten zunutze und stellen an Straßen, die angestammte Wanderwege der Tiere durchkreuzen, im Frühjahr Krötenzäune auf. An diesen werden alle paar Meter Eimer bodentief eingegraben. Wenn die Kröten entlang der Zäune kriechen und einen Durchschlupf suchen, fallen sie in die Eimer, an deren glatten Wänden sie nicht emporklettern können. In den frühen Morgenstunden können die Naturschützer dann die Kröten aus den Eimern holen und sicher über die Straße tragen. Da Erdkröten sogenannte Explosivlaicher sind, die alle nahezu gleichzeitig ihre Laichwanderung antreten, sind die Krötenzäune meist nur für wenige Wochen aufgebaut. Wer eine Kröte mal aus der Nähe betrachten möchte, hat an den Zäunen gute Chancen. Frühes Aufstehen empfiehlt sich: Zum einen sind die Erdkröten vor allem nachts unterwegs, zum anderen werden die Eimer meist vor acht Uhr morgens geleert. In den meisten Städten führen Naturschutzverbände wie zum Beispiel der NABU Listen, wann an welchen Straßen Krötenzäune errichtet sind.

Doch nicht nur die Krötenwanderung ist ein Phänomen. Auch das Liebesleben der Tiere, das bereits auf dem Weg zum Laichplatz beginnt, genießt einen legendären Ruf. Die Rollen der Geschlechter sind hierbei klar verteilt, die Weibchen haben neben dem Ablaichen der Eier noch eine weitere tragende Aufgabe: Anstatt auf den eigenen vier Beinen zum Liebesteich zu wandern, lassen sich die Männchen von ihren Angebeteten zum Laichplatz tragen. Hierfür klettern sie den weiblichen Kröten auf den Rücken, was die Wanderung für diese mitunter zu einem wahren Kraftakt werden lässt. Nicht selten klammern sich mehrere Männchen gleichzeitig an einer Auserwählten fest und lassen sich durch nichts davon abbringen. Mithilfe eines speziellen Klammergriffes greift das Männchen mit seinen kräftigen Oberarmen in die Achselgegend des Weibchens und verkrallt sich hier mit den sogenannten Brunstschwielen seiner Finger. Möglich macht das ein angeborener und sehr ausgeprägter Klammerreflex, der nur einen geringen Auslösereiz benötigt. Wenn ein paarungsbereites Männchen einen gewissen Hormonstatus erreicht hat, wird alles geklammert, was nicht bei drei auf den Bäumen ist. Nicht selten kommt es hierbei zu kuriosen Missverständnissen, und so mancher Stock, der im Blick eines

Vielerorts werden im Frühjahr Krötenzäune zum Schutz der Tiere aufgestellt. Die Stöcke in den Eimern dienen versehentlich hineingefallenen Mäusen zum Rausklettern; Erdkröten können nicht klettern und verharren in den Eimern, bis sie vom Menschen sicher über die Straße getragen werden.

liebestollen Männchens wie eine wunderschöne Kröte anmutet, wird mitunter stundenlang liebevoll umschlungen. Manchmal kommt es auch zu sogenannten Fehlpaarungen, wenn Männchen im Eifer des Gefechts aus Versehen andere Männchen klammern und erwarten, von diesen zum Laichrevier getragen zu werden. In solchen Fällen helfen sich die Kröten mit einer Art Hilferuf und signalisieren den klammernden Männchen, dass in dieser Kombination in Sachen Nachwuchs nicht viel herauskommen wird. Anders als Frösche verfügen Erdkröten über keine äußere Schallblase; sie können daher nicht inbrünstig quaken, sondern nur ein leises, metallisch klingendes öök öök absondern. Die Ursache für das liebestolle Festklammern liegt im zahlenmäßigen Verhältnis von Männchen zu Weibchen. Da in Erdkröten-Populationen stets die Weibchen überwiegen und die Zahl der männlichen Tiere um das Drei- bis Achtfache übersteigen, halten sich die Männchen an allem fest, was auch nur entfernt nach einer Krötendame aussieht – und sei es auch nur eine Borke oder ein Stück Holz.

Anhängliche Typen: Erdkrötenmännchen klammern sich an ihrer Liebsten fest und lassen sich von ihr zum Tümpel tragen.

DIE HAMBURGER KRÖTENEXPLOSION

Aufpumpen gegen Fressfeinde

Erdkröten haben nur wenige Fressfeinde. Das Hautsekret, das sie über eine Vielzahl von Drüsen absondern, macht sie für die meisten Tiere ungenießbar. Zu ihren natürlichen Feinden gehören Ringelnattern, Greifvögel, Graureiher sowie verschiedene Marderarten. Treffen die Kröten auf einen dieser Feinde, pumpen sie sich mit Luft auf, um größer zu erscheinen und ihren »Gegner« in Angst zu versetzen. Im Frühjahr 2005 kam es in Hamburg im Zuge dieser natürlichen Abwehrreaktion zu einem Vorfall, der als »Hamburger Krötenexplosion« von sich reden machte. Was war geschehen?

An einem Regenrückhaltebecken im Hamburger Volkspark hatten Spaziergänger beobachtet, wie unzählige Kröten ans Ufer krochen, sich dort in wenigen Minuten auf die zwei- bis dreifache Körpergröße aufblähten und dann regelrecht explodierten. Körperteile und Innereien wurden im Umkreis von einem Meter verspritzt, was insgesamt einen recht unschönen Anblick ergab. Die Explosion gab lange Zeit Rätsel auf, der Tümpel wurde aus Angst vor Infektionskrankheiten sicherheitshalber gesperrt und eingehend untersucht. Es begann ein großes Rätselraten unter reger Beteiligung nationaler und internationaler Medien. Die Wasseruntersuchungen führten zu keinen verwertbaren Erkenntnissen, die Explosion ließ sich also nicht auf im Wasser enthaltene Viren, Bakterien oder Umweltgifte zurückführen. Die plausibelste Erklärung schrieb das Phänomen einem ganz anderen Verursacher zu: Man nimmt an, dass Krähen für die Krötenexplosionen verantwortlich waren. Die Vögel waren zur Zeit des Geschehens ebenfalls am Tümpel zugegen. Vermutlich waren die liebestollen Kröten paarungsbedingt dermaßen abgelenkt , dass die Vögel sie in Ruhe aufschlitzen und ihnen die Leber aus dem Körper picken konnten. Die derart angefressenen Kröten reagierten instinktiv mit der angeborenen Abwehrreaktion, die ihnen normalerweise das Leben retten soll. Allerdings fand die Lunge durch das Fehlen der Leber in Brust- und Bauchhöhle keinen mechanischen Widerstand mehr und blähte sich im Zuge des Aufpumpens so weit auf, bis sie schließlich platzte und die restlichen Organe mit sich riss.

IGEL
Nachts im Park

»Wer nicht mit der Zeit geht, geht mit der Zeit«, sagte einst Friedrich Schiller und wies damit auf die Bedeutung der Weiterentwicklung hin. In Zeiten des Wandels sind Eigenschaften wie Anpassungsfähigkeit und Flexibilität gefragt; sie helfen dem Einzelnen, in einer sich verändernden Umwelt zurechtzukommen. Barack Obama baute seine gesamte Wahlkampfstrategie auf dem Schlagwort *Change* (und dem hierauf bezogenen *yes we can*) auf, und nicht umsonst ist Change-Management seit Jahren ein Dauerbrenner in der Führungslehre. Igel dürften von alldem wenig wissen und weder mit Schiller, den Maximen des Change-Managements noch mit Darwins These des *Survival of the fittest* vertraut sein. Und doch sind sie wahre Musterschüler der Anpassungsfähigkeit, gehören sie doch zu den ältesten Säugetieren der Welt. Seit rund 60 Millionen Jahren organisiert sich der Igel in einer sich stetig verändernden Umwelt und stellt insbesondere in jüngster Zeit eindrucksvoll unter Beweis, wie wandlungsfähig er ist. Vom Menschen nahezu unbemerkt, sind die stacheligen Zeitgenossen gerade dabei, einen grundlegenden Wechsel ihres Habitats zu vollziehen und sich vom Landbewohner zum Großstädter zu entwickeln! In Zeiten großflächiger Monokulturen und massiver Insektizid-Verwendung wird das Leben auf dem Land für den Igel zunehmend schwieriger: Rückzugsorte wie Wallhecken und kleine Gehölze werden immer weniger, und auch das Nahrungsangebot nimmt mit dem Verschwinden artenreicher Magerwiesen kontinuierlich ab. In der Folge zieht es immer mehr Igel in die Städte, und verschiedene Studien belegen, dass heute mehr Igel in der Stadt als auf dem Land leben! Dass der Mensch von all dem kaum etwas mitbekommt, liegt vor allem daran, dass die Igel nachtaktive Tiere sind, die den Tag größtenteils im geschützten Versteck schlafend verbringen. Forscher haben Stadtigel mit Sendern markiert und erkundet, wo genau in den Städten sich die Tiere aufhalten. Das Ergebnis: Sie sind mitten unter uns! Tagsüber schlafen die Igel in privaten Gärten, auf ungepflegten Grünstreifen neben den Straßen oder im Gebüsch hinter den Mülltonnen. Nachts, wenn sich die Menschen aus den Parks und Grünanlagen zurückgezogen haben, kommen die Tiere dann aus ihren Verstecken und erobern das Gelände. Das Revier eines Igels hat eine Größe von rund fünf Hektar, was in etwa der Fläche von sieben Fußballfeldern entspricht. Dieses Ausmaß wirkt auf den ersten Blick beeindruckend groß, ist es aber nicht: Landigel durchwandern pro Nacht etwa die zehnfache Fläche! Da in den Städten insgesamt weniger Grünflächen zur Verfügung stehen und diese gleichzeitig ein reichhaltigeres Nahrungsangebot liefern als intensiv bewirtschaftete Felder, hat der Igel sein Verhalten seiner neuen Umgebung angepasst. Dabei kommt ihm zugute, dass er nicht besonders wählerisch ist, was seinen Speiseplan betrifft. Neben Käfern und Regenwürmern stellen auch die Überreste von Grillpartys, heruntergefallene Dönerreste oder das Futterschälchen der Nachbarskatze eine willkommene Mahlzeit dar.

Guten Appetit! Auch Igel wissen Katzenfutter zu schätzen.

Und auch an anderen Stellen zeigen sich die Tiere sehr anpassungsfähig. Um ihre Laufwege zu erforschen, haben Wissenschaftler im Rahmen einer Studie Igel mit GPS-Sendern ausgestattet und konnten so bis auf den Meter genau nachvollziehen, wo sich die Tiere bewegen. Man fand heraus, dass die Igel Straßen bewusst umgehen und sichere Alternativen wie zum Beispiel Bahndämme nutzen, um unbeschadet in die Parks hinein- und auch wieder heraus kommen.

Auch sonst scheinen Igel mit Straßen kein größeres Problem zu haben. So finden sich ihre Nester genauso im Gebüsch am Supermarktparkplatz wie neben mehrspurigen Schnellstraßen. Selbst wenn es hier aufgrund des Lärms und der Lichtverhältnisse sicherlich deutlich hektischer zugeht als auf dem Land, zeigen die Igel eine große Anpassungsfähigkeit: Wenn Schlafenszeit ist, ist Schlafenszeit – ab November wird Winterschlaf gehalten, ganz gleich, wie laut der Straßenlärm auch sein mag.

SCHUTZMECHANISMUS

Betrunkene Igel, gefährliche Stacheln

Igel werden bereits mit Stacheln geboren. Diese sind anfangs in die Haut eingebettet, sodass die Mutter bei der Geburt nicht verletzt wird. Die Stacheln sind umgebildete Haare und bestehen aus Horn (Keratin). Innen sind sie hohl, sodass der bis zu 8000 Stacheln umfassende »Pelz« nicht zu schwer wird. Wenn Igel Gefahr wittern, rollen sie sich blitzschnell zusammen und schützen sich mithilfe ihrer Stacheln gegen natürliche Feinde. Das Einrollen erfolgt in weniger als einer Sekunde!

Achtung Bierfalle: Viele Hobbygärtner stellen im Frühjahr und Sommer sogenannte Bierfallen auf, um ihr Gemüse vor Schnecken zu schützen. Doch nicht nur die Schnecken fühlen sich vom Geruch des Gerstensaftes angezogen (um dann letzten Endes darin zu ertrinken). Auch Igel kommen zu den Fallen, löschen damit ihren nächtlichen Durst und verspeisen nebenbei noch die eine oder andere »Bierschnecke«. Und nicht selten schlagen sie dabei über die Stränge. Immer wieder kommt es zu kuriosen Schlagzeilen wie »Polizei schnappt betrunkene Igel« oder »Trunkene Schnecken, torkelnde Igel«. Dabei kann der Alkoholgenuss für die Tiere durchaus gefährlich werden: Im beschwipsten Zustand sind sie nicht mehr in der Lage, sich einzurollen, und werden so zur leichten Beute für Hunde, Katzen oder Füchse.

BIBER

Nager am Limit

Für den Biber gilt: Er baut sich die Welt, wie sie ihm gefällt. Als einziges Wesen im Tierreich gestaltet der Biber seinen Lebensraum nach eigenen Vorstellungen selbst. Er baut Dämme und Biberburgen, staut Bäche, erschafft Teiche und neue Wasserlandschaften, wobei sein einziges Werkzeug seine messerscharfen Zähne sind. Mit diesen raspelt er Bäume bis zu einem Durchmesser von 50 Zentimetern. Aus Stämmen, Ästen und Laub formt der tierische Landschaftsarchitekt sein Revier. Doch wie der Mensch leidet auch der Biber unter einem aktuellen Problem: der Wohnungsnot. In Städten wie München hat er mittlerweile alle Biotope besetzt, die sich für einen Biber eignen. Selbst an belebten Orten wie dem Pasinger Stadtwald tummelt sich das Nagetier bereits und legt mitten in der Millionenstadt Bäume um. »Biber fressen Pasing auf« titelte es bereits in München oder auch: »Biber-Randale im Pasinger Stadtwald«.

An sich ist der Biber ein geruhsamer und friedlicher Geselle. Kommt man allerdings seinen Jungen zu nah oder dringt in sein Revier ein, dann wird es ungemütlich. Denn Biberreviere sind in München so rar wie bezahlbare Wohnungen: Hat ein Biber eines ergattert, verteidigt er es bis aufs Blut. Auch gegenüber den eigenen Artgenossen sind Biber in Revierfragen auf Krawall gebürstet. Die klassische Biberfamilie bewohnt einen Bau mit drei Parteien: den Bibereltern, den Biberjungen und dem Nachwuchs aus dem Vorjahr. Letzterer wird dann nach zwei Jahren gnadenlos aus dem Revier gejagt. Den wohnungslosen Bibern steht nun eine wahre Höllentour bevor, die leider nicht selten mit dem Tod endet. Auf der Suche nach einem neuen Revier müssen ausgestoßene Tiere zwangsläufig bereits besetzte Reviere durchqueren, in denen es dann zum Kampf mit den alteingesessenen Bewohnern kommt. Während Hirsch, Hase oder Hamster derartige Streitigkeiten durch nicht tödliches Kräftemessen austragen, kennt der Biber keine Beißhemmung und nutzt seine stärkste Waffe: die Zähne. Ein Revierkampf hat häufig

Gegen einen Biberangriff gerüstete Bäume.

tiefe Bissverletzungen an Rücken und Bauch zur Folge. Die Bisse an sich sind meistens nicht tödlich, die Folgen einer Wundinfektion sind jedoch für junge Biber die Haupttodesursachen. Laut Zahlen aus den Niederlanden kommen rund 40 Prozent der Biber bei dem Versuch, ein fremdes Revier zu durchqueren, ums Leben.

Auch den zweijährigen Biberjungen, die jedes Jahr das Revier am Pasinger Stadtwald verlassen müssen, droht deshalb Schlimmes. In den Biberbiotopen im Englischen Park oder am Nymphenburger Schloss ist bereits alles besetzt. Gute Chancen bestehen nur am Rande des Verbreitungsgebietes, doch der Weg dahin ist ein Spießrutenlauf durch feindliches Gebiet. Biberexperten gehen davon aus, dass in vielen Landkreisen Bayerns kein einziges freies Biberrevier mehr existiert. Die Selbstregulation der Biber hat aus menschlicher Sicht ihr Gutes. Vor einer Überpopulation durch revierlos marodierende Biber, die ganze Parklandschaften entwalden, muss sich niemand fürchten. Auch im Pasinger Stadtpark hat man sich derweil mit den Nagern arrangiert. Dort kann man zwar die kämpfenden Biber nicht vor sich selbst schützen, aber die Bäume vor den Bibern.

Alles was man als erhaltenswerten Baumbestand einstuft, wird für einen Biberangriff gerüstet. Erhaltenswerte Bäume sind mit Drahtgittern ummantelt. So werden die Biber auch auf die Bäume gelenkt, die sowieso zum Fällen freigegeben sind. Dieses Handwerk übernimmt der Biber für den Menschen dann völlig kostenlos.

DUFTSTOFF

Supergeil!

Der Verzehr von Weidenrinde kann Kopfschmerzen lindern. Der Grund: Sie enthält Salicylsäure, ein Inhaltsstoff, der auch im Aspirin enthalten ist. Da Weidenrinde zu den Lieblingsspeisen des Bibers gehört, findet sich der Stoff auch im sogenannten »Bibergeil«. Mit diesem übelriechenden Sekret markieren die streng territorial lebenden Tiere ihre Reviere. Im 19. Jahrhundert glaubte man, mit dem Bibergeil ein universelles Heilmittel nicht nur gegen Kopfschmerzen, sondern auch gegen Gicht, Epilepsie, Krämpfe und allerhand andere Krankheiten gefunden zu haben. Eine Wirksamkeit konnte nie nachgewiesen werden, weshalb der Stoff nur noch in der Homöopathie eingesetzt wird. Der Stoff kommt heutzutage auch in der Parfümherstellung zur Anwendung, weil der moschusartige Geruch eine besonders animalische Note in die Duftwässer zaubert. Die Kunst ist dabei, den Stoff entsprechend verdünnt und sehr sparsam einzusetzen.

TAUBE

Vogel mit Durchblick

Man kann nicht unbedingt behaupten, dass sich Tauben übermäßig anstrengen, einem nicht auf den Geist zu gehen. Geradezu provokant kurven sie einem in Fußgängerzonen oder auf Bürgersteigen vor den Füßen herum: gurr, gurr, trippel, trippel, trappel, trappel. Kurz bevor man glaubt, mit ihnen zu verunfallen, streuen sie eine nachlässig angeflatterte Flugfigur hin, landen wieder und laufen weiter auf einen zu, von einem weg oder wohin auch immer. Trippel, trippel, wackel, wackel, flatter, flatter. Dazu kommt das geradezu manisch wirkende Kopfnicken, als wäre die gesamte Art einer psychopathologischen Zwangshandlung zum Opfer gefallen – womöglich vom ganzen Großstadtstress und dem ständigen Trippel, Trippel, Trappel, Trappel?

Weit gefehlt. Vieles, was wir über die Tauben zu wissen meinen, hält einer faktischen Überprüfung nicht stand. Nehmen wir zum Beispiel die Ansicht, Tauben würden ständig mit dem Kopf wackeln. Das menschliche Auge unterliegt hierbei einer optischen Täuschung! Könnte man einer Taube in Zeitlupe zuschauen, dann würde man Folgendes beobachten: Beim Gehen schiebt die Taube zunächst ihren Kopf nach vorne. Dann jedoch verharrt dieser auf der Stelle, während die Rest-Taube ihren gesamten Körper unter dem ruhenden Kopf hindurchschiebt. Hat der Körper den Kopf von unten »überholt«, schiebt die Taube den Kopf wieder nach vorne. Während der Beobachter denkt, dass der Kopf nach hinten wackelt, bewegen sich in Wahrheit nur die Füße und damit der Körper nach vorne. Doch welchen Sinn hat dieses Manöver? Die Antwort hängt mit der optischen Wahrnehmung der Taube zusammen. Wer das Auge der Taube verstehen will, muss sich folgende Situation vorstellen: Man fährt in einem schnellen Zug und schaut mit starrem Blick aus dem Fenster. Dabei wird die Landschaft nur als ein unscharfer Wischer an einem vorbeiziehen. Wenn man allerdings durch schnelle Augenbewegungen ein Objekt anfixiert, diesem folgt, wieder ein neues Objekt anfixiert, wieder folgt (und so weiter), dann kann man für kurze Zeit einzelne Objekte scharf wahrnehmen. Doch zurück zur Taube: Ihr Auge kann nur starr in eine Richtung schauen und – im Gegensatz zum menschlichen Sehapparat – den Augapfel kaum bewegen. Das, was der Mensch mit ruckartigen Augenbewegungen im Zug macht, muss die Taube mit ihrem gesamten Kopf vollführen, um Objekte scharf sehen zu können, die sich an ihr vorbeibewegen.

Dabei sind die Sehfähigkeiten der Taube – wie die vieler anderer Vögel auch – denen des Menschen weit überlegen. Die seitlich am Kopf liegenden Augen garantieren einen Fast-Rundumblick von 340 Grad, mit dem die Taube ein wachsames Auge auf Falken oder andere Feinde werfen kann. Sie sieht viel schärfer als der Mensch und kann in kürzerer Zeit deutlich mehr optische Informationen verarbeiten. Für diesen hochleistungsfähigen Augenapparat zahlt sie allerdings einen Preis: nahezu unbewegliche Augen. Denn für tierische Mechanik gilt das Gleiche wie für menschliche: Je mehr bewegliche Einzelteile eine Apparatur hat, desto ungenauer wird das Gesamtgebilde. Auch was Reaktionsvermögen und Signalverarbeitung betrifft, ist das Taubenhirn dem des Menschen einiges voraus. Wer hat nicht schon einmal vermeintlich eine Taube »überfahren«, die dann doch ganz lo-

Ein »Taubenhotel« in Dortmund. Artgerechtes Futter und ausreichend Brutplätze sollen die massenhafte Vermehrung und Krankheiten eindämmen. Der Trick: Taubeneier werden durch Gipsattrappen ausgetauscht.

cker irgendwohin flatterte. Das Taubenauge kann rund 70 Bilder pro Sekunde verarbeiten und hat damit eine bessere Vorstellung von der Geschwindigkeit, mit der sich Objekte nähern. Der Mensch schafft nicht mehr als 20 Bilder pro Sekunde. Würde man eine Taube in ein Kino setzen und einen Film anschauen lassen, hätte die Taube nicht die Illusion eines »fließenden« Bildes. Der Grund: Eine Sekunde eines normalen Kinofilms besteht aus 24 Einzelbildern. Die Taube würde einen Film nur als eine zweistündige Dia-Show wahrnehmen können. Mit dem Kopf müsste sie dabei immerhin nicht wackeln, sofern sie einfach nur ganz ruhig sitzen bleibt.

In Sachen Kulturfolge ist die Taube eine der erfolgreichsten Arten überhaupt. Hunderte Millionen der »Asphalttauben« gurren durch die Städte dieser Welt. Dabei stellt sich nicht nur Ornithologen eine Frage: Ist die Stadttaube mittlerweile eigentlich eine eigene Spezies? Noch scheut sich die Taxonomie, dem Großstadtvogel einen eigenen (lateinischen) Artnamen zu verpassen, schließlich braucht es Tausende von Jahren, bis sich Arten auch in ihrem Erbmaterial eindeutig differenzieren. Die Mühlen der Evolution mahlen einfach zu langsam. Dass in weniger als 200 Jahren riesige Großstädte wie Pilze aus dem Erdboden schossen, ist für evolutionäre Verhältnisse ein blitzartiges Auftauchen eines ganz neuen Ökosystems. Deshalb gilt die Felsenstaube (*Columba livia*) bis auf Weiteres als die Mutter aller Stadttauben. Die Heimat der Felsentaube liegt in Afrika und im Orient, wo sie die Einsamkeit unzugänglicher Felswände nutzt, um ihr Brutgeschäft zu erledigen. Bereits 5000 Jahre vor Christus gelang es den Sumerern, Felsentauben zu domestizieren und als Briefboten einzusetzen, die in Rekordzeit auch karge Stein- und Sandwüsten durchquerten. Aus dem Zweistromland fand die Felsentaube dann über das Römische Reich ihren Weg in unsere Breiten. Der Mensch nutzte den Vogel als genügsames (und schmackhaftes) Haustier. Den Nachfahren der wilden Felsentaube züchtete man über die Jahr-

Im Kampf gegen Stadttauben hilft so einiges, manches aber auch nicht: Eine Taube sitzt auf einem Anti-Tauben-Draht.

hunderte die Scheu vor dem Menschen weg, aus diesem Grund hatten entflohene Haustauben auch mit dem Menschengewimmel der Städte keine größeren Probleme – und vor allem fanden sie hier einen Lebensraum, der auch schon ihren Vorfahren aus dem Orient seit Tausenden von Jahren eine Heimat bot: riesige Felslandschaften aus Stahl und Beton.

IMAGEPROBLEM

Total verschissen

»Ratten der Lüfte« – der Spitzname der Taube lässt es bereits erahnen: Dieser Vogel hat ein Imageproblem. Doch das meiste, was man der Taube anhängen will, ist stark übertrieben.

1. **Tauben sind Krankheitsüberträger.** Das stimmt zwar, doch ist das Risiko einer Ansteckung auch nicht höher als bei anderen Wild- und Ziervögeln auch. Dass Tauben Tuberkulose oder Typhus übertragen, sind Schauermärchen, die immer noch von Schädlingsbekämpfungsfirmen verbreitet werden.
2. **Taubenkot zerstört Gebäude.** Falsch. Weder Granit noch Sandstein noch Beton nehmen Schaden am Taubenkot. Wesentliche Gründe für Schäden an Gebäuden sind Luftverschmutzung und der saure Regen. Ein vollgekleckstes Denkmal ist eher ein optisches Problem. Doch auch hier trägt der Mensch beziehungsweise seine ungesunde Ernährungsweise eine Mitschuld. Normalerweise ist Taubenkot dunkel und fest, da sich die Tiere von einer ballaststoffreichen Mischkost aus Körnern und Samen ernähren. In den Städten stehen jedoch weggeworfene Hamburger, Dönerbrötchen oder Pommes frites auf dem Speiseplan der Taube, wodurch der Taubenkot wesentlich heller und dünnflüssiger wird. Wenn der Mensch nur kräftige Vollkornstullen essen (oder wegschmeißen) würde, sähen auch unsere Großstädte ein bisschen appetitlicher aus.
3. **Tauben sind eine Massenplage.** Vor dem Zweiten Weltkrieg gab es wesentlich weniger Tauben in deutschen Städten. Nach dem Krieg boten die Ruinen in den zerbombten Städten ein nahezu unbeschränktes Angebot an Brutplätzen, was die Grundlage für die explosionsartige Vermehrung der Taube bildete. Ob die Taube heutzutage eine Massenplage darstellt, ist aber reine Ansichtssache. In Hamburg wird beispielsweise die Zahl der Tauben auf rund 15 000 Exemplare geschätzt – auf 120 Hamburger kommt somit lediglich eine Taube. Zum Vergleich: Allein in Hamburg leben rund 85 000 Hunde.

LICHT UND LÄRM

Der frühe Vogel fängt (nicht nur) den Wurm

Ja, sind denn jetzt alle meschugge geworden? Ist das schon der Klimawandel? Oder vielleicht nur ein feinstaubverwirrtes Vogelhirn, das da zur Geisterstunde die graue Novembernacht mit fröhlichem Getriller erfüllt? Wenn tief in der Nacht das Rotkehlchen singt, darf man ruhig mal fragen, ob da eine übernatürliche Macht an der guten alten Vogeluhr gedreht hat. Schließlich geht selbst in den hippsten Großstadtbezirken die Sonne um Mitternacht weder auf noch unter.

Über Tausende von Jahren verbanden Menschen mit dem Hell- und Dunkelwerden das Konzert der Singvögel. Dazwischen herrschte Ruhe. Viele Stadtvögel haben sich jedoch mittlerweile ihren menschlichen Mitbewohnern angepasst: Sie machen durch. Vor allem Amseln und Rotkehlchen nutzen die Nacht, um ihr Revier zu beschallen und in der Paarungszeit – ganz großstadtmenschlich – ein Weibchen abzuschleppen. Viele Ornithologen sind sich sicher: In Sachen Liebesleben sind Stadtvögel aktiver und aggressiver als ihre landeierlegenden Artgenossen. Nicht ganz so sicher ist man sich bei der Ursache für dieses Phänomen. Liegt es am Licht, am Lärm oder an beidem gleichzeitig, dass die Vögel zum nächtlichen Partymachen animiert werden? In einem Vergleich von Stadt- und Waldamseln stellten Forscher des Max-Planck-Institutes fest, dass sich Stadtamseln eines höheren Testosteronwertes erfreuen. Auch das Anschwellen der Hoden – ein offensichtliches Zeichen für Paarungsbereitschaft – beginnt bei den Stadtamseln einen Monat früher. Während sich tagsüber die Lichtintensitäten von Stadt und Land kaum unterscheiden, versetzt die nächtliche Erleuchtung in der Stadt die Vögel in permanente Hochstimmung. Stadtvögel stehen unter andauerndem Lichtbeschuss, selbst wenn in den Häusern der Menschen die Lichter ausgeknipst werden. Auf öffentlichen Flächen ist es unmöglich, der Helligkeit zu entrinnen, denn diese wird durch eine EU-Regelung europaweit eingefordert. So schreibt die DIN-Norm EN 12464 eine Lichtstärke von 1,0 Lux für die Rund-um-die-Uhr-Beleuchtung aller Verkehrsflächen vor, während nachts im Wald (hier fordert die EU noch nichts) ein Schlummerlicht von nur 0,006 Lux herrscht.

Einen besonders pikanten Effekt der städtischen Beleuchtung beobachteten Verhaltensökologen des Max-Planck-Instituts bei Blaumeisen. Unbedingte Treue gehört nicht zu den Stärken der kleinen Singvögel. Manche von ihnen leben monogam, manche mit mehreren Partnern, manche gehen regelmäßig fremd. Besonders erfolgreich sind diejenigen »Fremdgänger«, die in der Nähe von Straßenlaternen ihr Revier haben. Diese beginnen ihren Gesang im Kunstlicht früher als im natürlichen und können dadurch mehr Weibchen für sich gewinnen und in der Folge mehr Nachkommen zeugen. Den untreuen Blaumeisen kam man mittels Analyse der DNA ihrer Jungen auf die Schliche und konnte damit den Zusammenhang zwischen erhöhter Lichtintensität und Fortpflanzungserfolg herstellen.

Neben ständigem Kunstlicht könnte eine andere Zivilisationsgeißel Verursacher der nächtlichen Konzerte sein: der ständige Lärm der Großstadt. Tagsüber ist es an vielen Stellen einfach zu laut, um sich bei den begehrten Weibchen Gehör zu verschaffen, weshalb viele Vögel schlichtweg früher aufstehen, um den lärmenden Berufsverkehr zu vermeiden. Spätaufsteher unter den Vögeln fahren eine andere Strategie: So schmettern beispielsweise in Berlin die staugeplagten Singvögel ihr Lied 14 Dezibel lauter als in den umliegenden Wäldern. Die städtischen Schreihälse erreichen zudem höhere Tonlagen, die

Nur noch Selbstgespräche? Das Zwitschern des Spatzes wird vom Verkehrslärm geschluckt.

Das wird eng! Der Kuckuck lässt sich zwar durchfüttern, wird aber mit seiner gedämpften Stimme im immer lauteren Getöse der Stadt schlecht gehört.

den tieffrequenten Verkehrslärm besser übertönen. Bei Kohlmeisen hat man sogar festgestellt, dass diese immer dann besonders laut singen, wenn ein schwerer Lkw an ihnen vorbeidonnert – vergleichbar mit Menschen, die auf Partys mit hohem Lärmpegel unbewusst lauter und dadurch höher sprechen und (je nach Party) auch singen. Doch tragischerweise taugen nicht alle Vögel zum hochfrequenten Trällern. Ausgerechnet der gute alte Hausspatz droht Opfer der steigenden Geräuschkulisse in unseren Städten zu werden. Sein Stimmorgan erzeugt nur Piepser im niedrigen Frequenzbereich. Er kann – selbst wenn er wollte – nicht höher singen. Auch der Kuckuck dringt mit seinem eloquenten »Kuckuck« nicht mehr richtig durch den Großstadtdschungel. Zusammen mit Sperling, Rohrsängern und anderen Leisetretern bleibt ihm langfristig nur eine Alternative: zurück aufs Land!

Das Gleiche gilt für das Insektenreich: Hier beeinflusst vom Menschen verursachter Lärm ebenfalls das Liebesleben. Beim Nachtigall-Grashüpfer gelang vor einiger Zeit der erste Nachweis: In einer Art Gesangswettstreit ließ man in der Universität Bielefeld jeweils 100 männliche Hüpfer gegeneinander antreten. Die eine Versuchsgruppe stammte aus einer ruhigen Wohngegend, die andere aus

Mit einem Trick zirpt der Nachtigall-Grashüpfer erfolgreich gegen den Verkehrslärm an.

dem verlärmten Randstreifen einer stark befahrenen Straße. Setzte man ihnen ein Weibchen vor, dann balzten und zirpten die Straßenhüpfer in höheren Bereichen als das Vorstadtteam – analog dem Vogeltrick, mit hohen Frequenzen den Verkehr zu übertönen.

Allerdings zweifeln Forscher, ob das ganze Frühaufstehen und Hochtonsingen von Nachtigall und Nachtigall-Grashüpfer wirklich dem Fortkommen der jeweiligen Spezies dient. Für alle Arten gilt: Die Evolution macht keine Gefangenen! Das Singen in nächtlicher Kälte verbraucht mehr Energie, die Vögel schlafen weniger, haben einen gesteigerten Stoffwechsel und dadurch tagsüber mächtig Stress. Durch die jahreszeitlich frühe Paarungsbereitschaft müssen sie zu Hause schon die Mäuler stopfen, während draußen noch nicht ausreichend Nahrung zu finden ist. Endet die tierische Stadtflucht also nur als schmerzhafter Bauchklatscher im Genpool der Evolution? Wohl nicht ganz. Vogelkundler prognostizieren, dass sich langfristig neue Stadt- und Landarten herausbilden. So ist bereits zu beobachten, wie Stadtvogelmännchen zwar lauter singen und vom Stadtvo-

HIGHWAY TOO HELL

Es ist ein nicht auszumerzender Irrglaube: Falter, Motten und Schmetterlinge lieben das Licht und fliegen deshalb in Richtung der Lichtquelle. Falsch! Richtig ist: Sie können eigentlich gar nicht anders. Beispiel Straßenlampen: Neben dem normalen Licht strahlen diese jede Menge UV-Licht aus, und zwar mehr als die sensiblen Facettenaugen von Insekten vertragen können. Es kommt zum optischen Overkill. »Normales« Licht dringt dann nicht mehr zu den Flattermännern durch, sondern nur noch die UV-Quelle. Rundherum herrscht für sie totale Finsternis. Eine Straßenlampe ist dann nicht mehr das Hellste, was die Insekten sehen, sondern das Einzige. Wer will ihnen da verdenken, dass sie Kurs auf das meist tödliche, weil zu heiße Ziel nehmen? Straßenlampen sind besonders UV-intensiv und »säubern« die Landschaft regelrecht von den Insekten. Besonders gut ist dieser Effekt an neu errichteten Autobahnraststätten zu beobachten: In den Monaten nach Fertigstellung werden nachtaktive Insekten wie von einem Staubsauger von den grellen UV-Schleudern angezogen und dann meist von Vögeln zum Frühstück verputzt. Je länger die Raststätte besteht, desto weniger Falter gibt es in der Umgegend.

gelweibchen auch besser gehört werden, dafür aber ganze Teile ihrer Gesänge einfach weglassen. Auf ein Landvogelweibchen könnte der Gesang dieser urbanen Radaubrüder nicht mehr so attraktiv wirken. Oder noch schlimmer: Sie könnten irgendwann überhaupt nicht mehr erkennen, dass der Gesang zur eigenen Art gehört. Dann ist es wie bei den menschlichen Beziehungen. Man versteht sich einfach nicht mehr.

MAUERSEGLER

Flieger, grüß mir die Sterne und grüß mir den Mond!

Für Mauersegler vergeht die Zeit wie im Flug – beziehungsweise im Flug. Sie sind nicht nur extrem schnelle Flieger, die dank ihrer sichelförmigen langen Flügel Geschwindigkeiten von mehr als 200 Kilometer pro Stunde erreichen können. Sie sind auch sonst echte Luftikusse und erledigen von der Paarung über die Nahrungsaufnahme bis hin zum Schlafen nahezu alles während des Fliegens. Daher ist es auch kein Wunder, dass sie nur selten festen Boden unter den Füßen haben. Der lateinische Name des Vogels lautet *Apus apus*, was so viel wie »ohne Fuß« bedeutet. Und mit dieser (Fehl-)Einschätzung fängt das ganze Mauersegler-Missverständnis an, wie man schon in Conrad Gesners *Vogelbuch* von 1557 nachlesen kann: »Apodes, das ist ohne Füß genennet / nicht daß sie gar keine Füß haben / sondern weil sie dieselbigen nicht brauchen können.«

Der Artname ist Sinnbild für ein hartnäckiges Gerücht, das besagt, die Mauersegler könnten aufgrund der Vielfliegerei ihre Füße nicht mehr richtig benutzen. Die Herleitung dieser Fehleinschätzung, die sich sogar in einigen Schulbüchern finden lässt, geht in etwa so: Die Evolution ist ein hinterlistiger Geselle. Als sich die Mauersegler angewöhnten, im Flug zu schlafen, wurden ihre Füße kaum noch gebraucht. In der Folge wurden die Fußgelenke mit der Zeit immer schwächer. Dadurch waren die Mauersegler irgendwann so schlecht zu Fuß, dass sie immer mehr Dinge (Gefiederpflege, Paarung et cetera) in der Luft erledigen mussten. Dadurch entstand eine Art Teufelskreis, der schließlich dazu führte, dass die Vögel heute kaum noch in der Lage sind, in ihren Nestern zu landen. Wenn die evolutionäre Entwicklung so weitergeht, werden die Segler irgendwann gar nicht mehr landen und infolge dessen auch keine Eier mehr ausbrüten können. Das wird dazu führen, dass der Mauersegler wegen seiner übertriebenen Spezialisierung auf das Fliegen eines Tages aussterben wird.

In Wirklichkeit verhält es sich jedoch anders. Mauersegler sind in der Tat ausgezeichnete Flieger, die während des Fluges schlafen und sich bis zu zehn Monate ohne Unterbrechung in der Luft aufhalten. Während der etwa zweimonatigen Brutzeit fliegen sie jedoch ohne Probleme ihre Nester an und haben auch keineswegs verkümmerte Füße. Im Gegenteil: Die Hintergliedmaßen sind ein gutes Beispiel für evolutionäre Anpassung, denn in der Tat haben Mauersegler einzigartige Füße, die ansonsten nur noch bei ihren nahen Verwandten, den Alpenseglern, zu finden sind. Während ein normaler Vogelfuß aus vier Zehen mit jeweils mehreren Gliedern besteht – vergleichbar mit dem menschlichen Finger, der sich aus drei Knochengliedern zusammensetzt –, hat der Mauersegler an allen Zehen nur ein Zwischenglied. Diese anatomische Veränderung ist eine nützliche Reduktion, die perfekt zu seiner Lebensweise passt. Für einen Vogel, der sich naturgemäß nie auf dem Boden oder auf Bäumen niederlässt, bringt ein »normaler« Vogelfuß, der sich mit seinen vielen Gliedern ideal zum Umfassen und Festhalten von Ästen eignet, keinen Vorteil. Mit seinem »Spezialfuß« hingegen kann sich der Segler auf der Suche nach einem Nistplatz oder beim Anflug seines Nestes perfekt an senkrechten Wänden und Vorsprüngen festklammern und dabei eine stärkere Kraft und höhere Zangenwirkung ausüben als ein normal gebauter Vogelfuß. Der Mauersegler ist also sehr gut in der Lage, ein Nest anzufliegen, und könnte auch problemlos im Sitzen nächtigen.

VIELFLIEGER

Mauersegler können bis zu 20 Jahre alt werden. Mit diesem Lebensalter bringen sie es auf rund vier Millionen Kilometer Flugstrecke, was in etwa 97 Erdumrundungen entspricht.

Somit bleibt die Frage, warum der Mauersegler im Fluge schläft, während andere Vögel zum Beispiel Bäume zum Nächtigen bevorzugen. Ornithologen sind sich einig, dass es selbst für einen Überflieger wie den Mauersegler einen erheblichen Mehr-

Kleine Bruchpiloten: Junge Mauersegler, die aus dem Nest auf die Straße gefallen sind.

aufwand mit sich bringt, während des Ruhens permanent in Bewegung zu sein. Rein energetisch betrachtet, ist dieses Verhalten daher für den Mauersegler nachteilig: Im Vergleich zu normal schlafenden Vögeln verbrennen die Flugschläfer viel mehr Kalorien. Die Annahme, dass die Segler zur nächtlichen Insektenjagd in der Luft verbleiben, konnte widerlegt werden, da die Mauersegler hierfür nachweislich nicht ausreichend sehen können. Die am ehesten zutreffende Erklärung für das ungewöhnliche Verhalten geht aus einer Untersuchung ihres Überwinterungsreviers hervor. Mauersegler überwintern in Afrika in einer Gegend, in der rund 20 andere Seglerarten heimisch sind. Diese machen den Wintergästen die Übernachtungsplätze streitig und beanspruchen als Hausherren die besten Schlafmöglichkeiten für sich. Der nordische Mauersegler tritt erst gar nicht in Konkurrenz mit den einheimischen Vettern und verzichtet lieber auf jeglichen Streit, indem er sich schlicht angewöhnt hat, im Fluge zu schlafen.

Dass die Vögel sehr anpassungsfähig sind, zeigt sich auch an anderer Stelle. Ursprünglich sind Mauersegler klassische Felsenbrüter. Sie fühlen sich jedoch auch im Siedlungsraum sehr wohl und wissen Gebäude als Brutstätte sehr zu schätzen. Insbesondere hohe Altbauten wie zum Beispiel Kirchen oder Wohnhäuser werden von den Vögeln als Nistplatz genutzt. Wer Mauersegler im städtischen Raum erleben möchte, kann die Vögel am besten abends beobachten, wenn sie im schnellen Flug auf der Jagd nach Insekten um die Häuser sausen. Man kann die Segler gut an ihren langen sichelförmigen Flügeln und ihren schrillen »Sriih-srihh«-Rufen erkennen, die zur Geräuschkulisse eines warmen Sommerabends in der Stadt dazugehören. Doch Verlass ist auf den Mauersegler diesbezüglich nicht. An manchen Tagen erscheint der Abendhimmel wie leergefegt, alle Mauersegler haben sich scheinbar grundlos aus

Vielflieger: Gäbe es in der Vogelwelt ein Miles-and-more-Programm, hätten alle Mauersegler den Goldstatus.

der Stadt verzogen. Die Ursache für diese rätselhaften Fluchten liegen manchmal über Hunderte von Kilometern entfernt: Der Mauersegler gilt als Wetterprophet und kündigt mit seinem Verschwinden recht zuverlässig ein herannahendes Tiefdruckgebiet an – wie genau er das macht, ist bis heute nicht sicher geklärt. Nur der Grund ist offensichtlich: Seine Nahrung – hauptsächlich Mücken – sind bei schlechtem Wetter Mangelware, weshalb der Mauersegler bis zu 1000 Kilometer lange »Wetterflüge« auf sich nimmt, bei denen er den Wetterfronten voraus- und seiner Nahrung hinterherfliegt. Bei brütenden Mauerseglern überlebt der Nachwuchs diese tage- und manchmal wochenlangen Abwesenheiten durch eine Art »Hungerschlaf«, bei dem die Jungvögel ihren Stoffwechsel auf ein Minimum reduzieren.

RATTE

Die Unterwelt gewinnt Oberhand

Es klingt überraschend, ist aber wahr: Die Hausratte gilt in einigen deutschen Bundesländern als ausgestorben. Wer in deutschen Städten eine Ratte erblickt, hat fast immer eine Wanderratte vor, über oder unter sich. In Deutschland sind beide Arten vertreten, jedoch befindet sich die Hausratte in einem Überlebenskampf und steht seit 2009 auf der Roten Liste.

Rattus rattus, wie die Hausratte wissenschaftlich bezeichnet wird, stammt ursprünglich aus dem südlichen Indien. Als blinder Passagier gelangte sie auf bronzezeitlichen Handelspfaden nach Persien, auf Schiffen des römischen Handelsnetzes eroberte sie anschließend den europäischen Kontinent. Ihren Spitznamen »Schiffsratte« verdiente sie sich letztlich als Mitfahrer auf den Schiffen, die im 16. und 17. Jahrhundert die Weltmeere durchkreuzten und das Tier weltweit verbreiteten – es gab damals kaum ein Segelschiff, das keine pelzigen Passagiere an Bord hatte.

Rattus norvegicus, die Wanderratte, bewohnte Wälder oder Buschlandschaften im Südosten Sibiriens, in der Mongolei und im nördlichen China. Ihre Ausbreitung vollzog sich auf dem Landweg über Karawanen, die auf der Seidenstraße Richtung Westen zogen. Im 18. Jahrhundert erreichte die Wanderratte über Russland den Europäischen Kontinent und traf dort auf die kleinere Hausratte, die es sich bereits seit ein paar Jahrhunderten in den menschlichen Behausungen des Abendlandes gemütlich gemacht hatte. Die Lebensräume der beiden Rattenarten überschneiden sich jedoch nicht. Die Hausratte hatte sich – wie ihr Name vermuten lässt – extrem nah an die menschliche Gesellschaft gebunden, während die Wanderratte die Unterwelt und damit die menschliche Kanalisation eroberte. Diesem Umstand ist es zu verdanken, dass die Hausratte heute als nahezu ausgestorben gilt. Damals boten Getreidespeicher, Vorratskammern und Küchen reichlich Nahrung. Heutzutage werden Lebensmittel jedoch eingetuppert, eingefroren und eingeschweißt. Und auch Verstecke und Bruthöhlen werden in den Häusern zunehmend rar: Altbauten werden nach und nach durchsaniert, und Neubauten errichtet man mittlerweile als hermetisch (nahezu) abgeschlossene Energiesparhäuser. Das Problem der Hausratte: Sie hasst Wasser und Kälte. Man nimmt an, dass sie in der menschlichen Gesellschaft und ihren trockenen, meist auf ein Mindestmaß beheizten Räumen ihre Resistenz gegen niedrige Temperaturen und Feuchtigkeit verloren hat. Die Kanalisation als Lebensraum ist für die Hausratte deshalb keine Alternative, und auch das Erdreich fällt aus. Die Hausratte gräbt nämlich nur widerwillig, was nicht weiter verwunderlich ist, da sie in ihrer südostasiatischen Heimat bevorzugt auf Bäumen lebt.

Ganz anders die Wanderratte: Sie kann metertief graben und kennt keine Probleme mit den nassen, kalten und fäkalienverseuchten Tunnelsystemen, die der Mensch zur Abwasserentsorgung unter seinen Siedlungen baut. Essensreste werden ihr durch Toiletten- und Abflussrohre frei Haus in die feuchte Unterwelt gespült, in die sich eine Hausratte niemals dauerhaft wagen würde. Zudem kann eine Wanderratte – wenn sie denn muss – tagelang schwimmen und ausdauernd tauchen. Sie kann sich senkrecht verlaufende Abwasserrohre hochstemmen und dadurch den letzten offenen Zugang zu menschlichen Behausungen erobern. Im Gegensatz zur zierlicheren Hausratte ist sie selbst für Katzen oder Füchse keine leichte Beute und erweist sich dank ihrer scharfen Zähne als durchaus wehrhaft. Mit diesen fräst sie sich sogar durch Bleirohre, Backsteine oder Aluminiumbleche. Kurzum: Eine Wanderratte ist schwer zu stoppen.

Trotz des Siegeszuges der Wanderratte sind echte Rattenplagen in deutschen Städten nicht zu verzeichnen. Noch immer gilt die alte Regel: »Wenn du sie sehen kannst, dann sind es bereits zu viele.« Wer sich vergegenwärtigt, wann er zum letzten Mal eine Ratte erblickt hat, kann daraus seine persönlichen Schlüsse für die eigene Stadt ziehen.

Die Zeugungsfähigkeit einer Wanderratte lässt zumindest erahnen, was möglich wäre: Der Nager kann alle zwei Monate rund acht Junge werfen, die selbst bereits nach acht Wochen wiederrum geschlechtsreif werden. Würden alle Jungen am Leben bleiben, könnte ein einziges Rattenpaar in nur einem Jahr für einen Zuwachs von über Tausend Tieren sorgen. Wie viele Ratten wirklich unter uns leben, bleibt jedoch im Dunkeln. Als plausibel, aber unbewiesen erscheint die Annahme »pro Einwohner eine Ratte«, weshalb man annimmt, dass Stadtbewohner nie mehr als 20 Meter von einer (Wander-)Ratte entfernt sind. Für die Hausratte scheint in Deutschland der Vorhang gefallen zu sein. In ihrer asiatischen Heimat hat sie gegenüber der größeren Wanderratte sogar noch einen kulinarischen Nachteil: Ratten stehen dort auf dem Speiseplan. Allerdings wird beim Verzehr klar unterschieden zwischen Ratten, die wie die Hausratte auf Bäumen leben, und denjenigen, die auf oder unter der Erde leben. Die in den menschlichen Exkrementen lebende Ratte auf dem Boden wird verschmäht. Gegessen werden nur die (Haus-)Ratten von den Bäumen.

Ratten können sich als Toilettentieftaucher beziehungsweise Toilettenhochtaucher theoretisch bis ins menschliche Badezimmer vorarbeiten. Im echten Leben kommt dieses jedoch nur sehr selten vor.

WELS

Großmaul im Parkteich

Man kennt es von königlichen Hochzeiten oder spektakulären Prozessen: Immer, wenn bestimmte Ereignisse ein zu großes Interesse hervorrufen, greift man zum Mittel der »Pool-Lösung«. Nur eine Handvoll ausgesuchter Journalisten darf dann von dem vermeintlichen Großereignis berichten. Alle nicht Auserwählten müssen sich ihre Berichte aus dem zusammenschustern, was die anwesenden Kollegen an Material liefern. Als sich im Jahr 2017 an einem Tümpel im hessischen Offenbach ausgewählte Journalisten der Deutschen Presseagentur, der ARD und von RTL im Rahmen einer Pool-Lösung trafen, wartete man darauf, dass ein Fisch aus dem Parksee auftauchte. Wie konnte es so weit kommen?

In den Tiefen des pressebelagerten Gewässers im Offenbacher Dreieich-Park vermutete man einen Wels. An sich keine ungewöhnliche Nachricht, schließlich breitet sich der Süßwasserfisch in Europa immer mehr aus. Bei seinem Vormarsch landet er auch manchmal dort, wo es dem Menschen auf- und missfällt. Schuld waren wohl die Enten: In ihrem Gefieder klebte vermutlich der Wels-Laich, den sich die Parkvögel selbst in ihre Wohnstube einschleppten. Das Problem: Der Wels wuchs und wuchs und fraß nach und nach den lauschigen Parkteich leer. Erst die Fische, dann Enten und andere Wasservögel, wie die geschützten Teichhühner. Das noch größere Problem: Welse hören nicht auf zu wachsen. Zwei Meter Länge sind nichts Ungewöhnliches für sie, knappe drei Meter können vorkommen, von vier oder gar fünf Meter langen Welsen gibt es Berichte, die Experten nicht recht glauben, aber auch nicht völlig ausschließen können. Zu sehen bekommt man einen Wels nämlich eher selten – er ist ein nachtaktiver Raubfisch, der tagsüber auf dem Grund dümpelt. Zudem hat der größte Süßwasserfisch Europas chamäleonartige Fähigkeiten, da er seine Körperfärbung seinem Lebensraum anpassen kann. Er ist dabei zwar deutlich langsamer als ein Chamäleon, ihm steht aber immerhin eine Farbpalette von olivgrün, braun, blauschwarz bis schwarz zur Verfügung. Wenn ein Wels es erst einmal geschafft hat, eine bestimmte Größe zu erreichen, gibt es keine natürlichen Feinde mehr; nur die Altersschwäche rafft ihn dann noch dahin, was aber durchaus erst nach achtzig Jahren der Fall sein kann.

In Offenbach hatte man den Wels mittlerweile den »Küken-Killer« getauft, da er sich mangels Fischen an den Entenküken vergriff, bis nur noch zwei von ihnen in dem modrigen Gewässer übrig blieben. Auch die Lokalpresse fischte weiter im Trüben und fragte, wer wohl das nächste Opfer sein würde. Katzen? Hunde? Kann ein Wels gar einen Menschen in die Tiefe reißen? Theoretisch gesehen ja, praktisch wird er es aber nicht tun. Ein Mensch passt vielleicht in sein Maul, aber nicht in sein Beuteschema. Dokumentiert sind Fälle, bei denen Welse Enten, Tauben, gar Schwäne erbeuteten. Menschenfresser unter den Welsen gibt es aber nicht. Einmal fand man eine menschliche Hand im Maul eines Welses, den dazugehörigen Menschen allerdings nicht im Magen. Grundsätzlich ist der Wels ein Lauerjäger, der mangels längerer Zähne nicht richtig zubeißen und auch sein riesiges Maul nicht in Richtung Beute ausfahren kann. Seine Taktik: Er reißt seinen Schlund einfach blitzschnell auf und verschlingt alles, was durch den entstehenden Unterdruck in sein Maul gespült wird.

Auch sein gesamtes Erscheinungsbild ist bestens geeignet für gruselige Geschichten. Sein Körper lässt sich grob in zwei Bereiche einteilen: einen hässlichen und einen noch hässlicheren. Das Gesamtkonstrukt ist komplett schuppenlos, dafür aber von einer schleimigen Schutzschicht überzogen. Der hintere Teil besteht fast ausschließlich aus Muskelmasse, die den Fisch mit schlängelnden Bewegungen vorwärtstreibt. Im vorderen Teil nimmt der breitmaulige Kopf fast 20 Prozent der Gesamtlänge des Fisches ein. Der Unterkiefer überragt dabei den Oberkiefer, die kleinen Augen sind leicht nach oben gerichtet – Anpassungen eines Jägers, der seine Beute vom Grund eines Gewässers aus angreift. Trotz seines gewöhnungs-

Ein Wels hat sich lautlos einer Stadttaube genähert. Vermutlich nimmt der Fisch die Vibrationen der trippelnden Taube wahr und kann sie deshalb orten.

bedürftigen Äußeren gilt auch für den Wels: Was zählt, sind die inneren Werte, und diese wiederlegen das Vorurteil, dass ein Wels willenlos in alles beißt, was ihm vor seinen Überbiss kommt. Er weiß sehr genau, was er tut, da er exzellente Sinnesorgane mit sich herumträgt. Das Prachtstück darunter ist der »Webersche Apparat«. Diese komplizierte Knochenkonstruktion überträgt Schallwellen, die von seiner riesigen Schwimmblase aufgefangen und direkt in sein Innenohr geleitet werden. Hierdurch vermag er auch hochfrequente Wellen wahrzunehmen, die bei der Jagd besonders wertvolle Informationen liefern. Mit ihrer Hilfe kann er nicht nur abschätzen, aus welcher Richtung ein Geräusch kommt, sondern sogar Geräusche wahrnehmen, die ihre Quelle oberhalb der Wasseroberfläche haben.

So mag der Wels in Offenbach auch das aufgeregte Getuschel der Reporter gehört haben, als man das Boot zu Wasser ließ, das ihn einfangen sollte. Die Stadtverwaltung hatte dafür eine Truppe von fünf Berufsfischern angeheuert, die unter den Augen des Presse-Pools dem Wels nachstellen sollten. Doch »Wally«, wie ihn viele Offenbacher nannten, hatte mittlerweile nicht nur Feinde. Eine Bürgerinitiative kämpfte für das Weiterleben des Welses. Dieser dürfe keinesfalls getötet, maximal umgesiedelt werden! Ein Angelsportverein, der sich eigentlich bereit erklärt hatte, den Fisch einzufangen, zog seine Zusage aus Angst vor den wütenden Protesten der Bürger zurück. Für Zündstoff sorgte auch die Frage: Wohin mit dem Wels, wenn man ihn einmal hatte? Für das Aussetzen im Main versagte das Land Rheinland-Pfalz die Genehmigung. Man fand, dort sei der Welsbestand mehr als hoch genug – einen weiteren Vielfraß könne man da nun wirklich nicht brauchen. Die Zahl an möglichen Ersatzquartieren sollte eigentlich recht groß sein, da Welse keine größeren Ansprüche an die Wasserqualität ihres Lebensraumes stellen. Durch ihren hohen Hämoglobinanteil im Blut von 30 bis 35 Prozent können sie in Gewässern mit Sauerstoffkonzentrationen überleben, in denen andere Fische längst schlappmachen würden. Auch gegenüber häuslichen und industriellen Abwässern zeigt sich der Wels kulant. Untersuchungen am Braunen Katzenwels (*Ameiurus nebulosus*), dem amerikanischen Pendant zum Europäischen Wels (*Silurus glanis*), ergaben Erstaunliches: Einige Tiere konnten sich in kontaminierten Gewässern sogar besser fortpflanzen als in sauberen Lebensräumen – ideale Voraussetzungen für das Leben in einer Industrielandschaft. Mittlerweile

Jagd auf den Killerwels: Berufsfischer stellen in einem Offenbacher Parkteich unter großer öffentlicher Anteilnahme einem kükenfressenden Wels nach.

gibt es auch hierzulande Sichtungen dieser amerikanischen Welsart, die sich bei Wassertemperaturen von 0 bis 34 Grad wohlfühlt. Auch Aquarienfreunde wissen um die robuste Natur der Tiere: So gelten die kleinen Katzenwelse als »Müllabfuhr des Aquariums«, die unermüdlich Algen und allerhand Überreste verspeisen und auch dann noch putzmunter sind, wenn nach dem Ausfall einer Sauerstoffpumpe der restliche Fischbestand schon bäuchlings auf dem Wasser treibt.

In Offenbach war an der Oberfläche jedoch nichts zu sehen. Nur ganz kurz hatten die fünf angeheuerten Profifischer einen Wels im Netz. Wie zum Hohn spuckte dieser jedoch einen erbeuteten Fisch aus und entkam derart erleichtert durch die Netzmaschen. Allerdings sei der entwischte Wels im Übrigen wohl nur einen Meter lang gewesen, vermeldete die Presse leicht enttäuscht. Man zog unverrichteter Dinge und ohne Bilder vom »Mega-Wels« wieder ab. Dieser hatte sich wohl einfach im Dunkel seines Tümpels verkrochen, wie es Welse so gerne tun. Aufgrund der heimlichen Lebensweise dieser Fische nimmt man an, dass längst nicht alle Arten entdeckt sind. So wurden allein in den ersten sechs Jahren des 21. Jahrhunderts 332 neue Spezies dieser faszinierenden Tierfamilie aufgespürt. Die wahre Zahl der Welsarten bleibt also bis auf Weiteres im Dunkeln, ebenso we-

UNTER STROM

Die merkwürdigste Wels-Sichtung Deutschlands wurde aus Berlin gemeldet. Hier fing man einen »Zitterwels« ein, der es rätselhafterweise in die Spree geschafft hatte. Eigentlich kommt der Fisch nur in den Tropen vor, wo er seine Beute mit elektrischen Stromstößen von bis zu 400 Volt niederstreckt. Kurioserweise wurde der Elektrofisch im Kühlwasserbereich eines Berliner Elektrizitätswerkes gefunden.

Ein Wels kann einen ganzen Parkteiche leerfressen. Wählerisch ist er dabei nicht, sondern frisst alles, was ihm vors Maul gerät.

nig wie die Frage beantwortete werden kann, wie der europäische Wels es eigentlich schafft, sich immer weiter auszubreiten. Im Verdacht steht dabei der Klimawandel mit seinen heißen Sommern und steigenden Wassertemperaturen, die Düngemittelnutzung der Landwirtschaft oder gar im Wasser gelöste Hormone. Die Anpassungsfähigkeit des urtümlichen Fisches an die modernen Umweltbedingungen überrascht Experten jedenfalls immer wieder. Man befürchtet deshalb sogar, er könne anderen Fischbeständen den Garaus machen. Bis jetzt kann diesbezüglich Entwarnung gegeben werden, denn manchmal ist sich der Wels selbst sein schlimmster Feind. Welse verteidigen ihre Reviere mit allen Mitteln und unter anderem dadurch, dass sie kleinere Artgenossen einfach wegfressen. Diese kannibalistische Selbstregulierung reduziert die Populationsdichte und damit die Gefahr, dass andere Fischarten in ihrem Bestand ernsthaft bedroht werden.

In Offenbach gab es dichtemäßig nichts mehr zu reduzieren, nach wie vor stellte man einem einzelnen Wels nach. Nach der gescheiterten Aktion mit Netz, Ruderboot und Reporter versuchte man es mit einer Reuse, aber ohne Reporter. Und siehe da: Der vermeintliche »Problemwels« tappte – zusammen mit einer Gelbwangenschildkröte – in die Falle. Nach Bekanntwerden sorgte die Fangaktion erneut für ein großes Medienecho, obwohl der Wels schon wieder kleiner geworden war. Nur noch 70 Zentimeter maß der Kükenkiller. Dieser wurde umgehend in ein artgerechtes Privatgewässer umgesiedelt, dessen pressescheuer Besitzer aber um Anonymität bat. Am Ende blieben deshalb noch zwei Fragen: Versteckt sich womöglich ein zweiter Mega-Wels in den Tiefen des Parksees? Und wenn nicht, wo liegt die neue Heimat des prominenten Welses »Wally«? Die Antwort liegt in beiden Fällen da, wo es der Wels auch gerne tut: im Dunklen.

WASCHBÄR

Putziger Problembär

Gelb für Plastikverpackungen, grün für Altpapier, braun für Biomüll und grau für den unbestimmbaren Rest: Einem intelligenten Säugetier wie dem Waschbären könnte die Farbsignatur der deutschen Mülltrennung bereits optisch die aussichtsreichsten Abfalltonnen signalisieren. Allein: Waschbären sind farbenblind. Von all ihren Sinnen trauen sie den optischen Eindrücken am wenigsten über den Weg. Während für Menschen gilt »Ich glaube nur das, was ich selbst gesehen habe«, gilt für den Waschbär »Ich glaube nur das, was ich selbst angefasst habe«. Wenn man die Waschbärensinne nach ihrer Wichtigkeit sortiert, so sieht die Reihenfolge wie folgt aus: tasten, riechen, hören und sehen.

Als nachtaktives Tier führt der »Kleinbär« ein farbloses Leben in Graustufen. Immerhin: Seine nicht allzu guten Augen haben einen eingebauten Restlichtverstärker, wie man ihn von Nachtsichtgeräten kennt. Das *Tapetum lucidum* ist eine reflektierende Schicht hinter der Netzhaut, die mit allerhand Salzen, Kristallen und Farbpigmenten gepflastert ist und im Dunklen Freund und Feind auf die Netzhaut projiziert. Doch wie gesagt spielt das Sehen nur eine untergeordnete Rolle – mit etwas Glück wäre auch ein blinder Waschbär lebensfähig. Sinn Nummer drei – das Gehör – überzeugt durch Spezialisierung: Der Waschbär hört Töne bis zu 85 Kilohertz (der Mensch schafft gerade mal 20 Kilohertz) und kann extrem leise Geräusche wahrnehmen: Sogar einen Regenwurm, der sich unter ihm durchgräbt, hört der Waschbär. Doch Mülltonnen sind mittlerweile eine wesentlich attraktivere Nahrungsquelle geworden als das mühsame Ausbuddeln von Regenwürmern. Mit Sinn Nummer zwei – seinem feinen Geruchsinn – kann der Bär die menschlichen Duftbomben über größere Distanzen mühelos aufspüren, um sie vor Ort dann vorzugsweise umzukippen und systematisch zu durchsuchen. Was dem sortenrein mülltrennenden Deutschen wie boshafter Vandalismus der übelsten Sorte vorkommen muss, ist vom Waschbären aber nicht böse gemeint. Wie für den menschlichen Schnäppchenjäger am Grabbeltisch gilt auch für den Waschbären: Er muss alles anfassen. Der Tastsinn ist der wichtigste Sinn, und die Waschbärpfote stellt ein hochsensibles Instrument zur Beschaffung und Identifizierung von Nahrung dar. In der Großhirnrinde des Bären sind rund zwei Drittel des Bereiches für Sinneswahrnehmung auf die Verarbeitung taktiler Reize spezialisiert – das ist im Tierreich nahezu einzigartig. Was dem Hund seine Nase und dem Adler sein Adlerauge, das ist dem Waschbären seine Pfote. Und dieses geschickte Körperteil ist auch verantwortlich für eines der beiden großen Missverständnisse, das immer wieder auftaucht, wenn es um den Waschbären geht. Der Bär »wäscht« nichts, er untersucht vielmehr seine Beute, und das am liebsten im Wasser, weil seine sensible Hornhaut mit den feinen Tasthärchen an den Händen dann eine noch sensiblere Sinneswahrnehmung ermöglicht. Auch der Inhalt einer Mülltonne wird mit den Pfoten systematisch abgetastet und nicht etwa abgewaschen. Im Magen landet bei ihm so gut wie alles Essbare, denn der Bär ist ein klassischer Allesfresser – genau wie der Mensch. Und weil dieser nicht nur alles frisst, sondern auch alles wegschmeißt, sind Mülltonnen ein All-you-can-eat-Buffet, das in seiner Vielfältigkeit die Möglichkeiten in der Wildnis deutlich überbietet.

Mutmaßlich findet sich in den Mülltonnen Kassels das gleiche Nahrungssortiment wie in anderen deutschen Städten. Dass die hessische Stadt als Europas Waschbär-Hauptstadt gilt, mag deshalb überraschen. In einigen Stadteilen treiben pro Hektar rund 100 Tiere ihr Unwesen, in der freien Natur dagegen sind es durchschnittlich nur zwei Tiere pro Hektar. Wer verstehen möchte, warum sich in der 200 000-Einwohner-Stadt mehr Waschbären tummeln als irgendwo sonst auf dem Kontinent, muss sich mit dem zweiten großen Waschbär-Missverständnis beschäftigen: dem Nazi-Waschbär aus dem englischen Blätterwald. »Armee von Nazi-Waschbären zwingt Deutsche zur Kapitulation« oder »Nazi-Waschbären auf dem Kriegspfad« waren nur zwei von zahlreichen Schlagzeilen, die immer mal wieder in der englischen Boulevardpresse auftauchten. Die Geschichte dahinter lautet wie folgt: Angeblich habe Hermann Göring in seiner Funktion als Reichsjägermeister persönlich angeordnet, zwei Waschbärenpaare nahe des hessischen Edersees auszusetzen, um mehr Abwechslung in den Wildbestand zu bringen. Genüsslich schildern seither die englischen Medien die darauffolgende Invasion Deutschlands durch einen Plagegeist, den man ausgerechnet vom damaligen Erzfeind USA eingeführt hatte. Garniert mit allerhand Blitzkriegs-Vergleichen wird schadenfroh über den unaufhaltsamen Vormarsch und die üblen Waschbärverwüstungen berichtet. Was die Blätter verschweigen: Die Geschichte stimmt nur insoweit, dass Hermann Gö-

Geteilte Freude ist doppelte Freude. Eine »Waschbärengang« erforscht einen Müllcontainer.

Ein »Kletterstop« an einer Hauswand soll Waschbären vom Ersteigen der Regenrinne abhalten. Das funktioniert zumeist recht gut, sofern die Kletterkünstler nicht einen Blitzableiter finden, an dem sie sich hochhangeln können.

ring zwar Chef der Jagdverwaltung war, von dem Vorhaben am Edersee aber wohl nichts wusste. Auch von einem Blitzkrieg kann wahrlich nicht die Rede sein. Die vier Waschbären, die man am 12. April 1934 zum Edersee gekarrt hatte, weigerten sich über Stunden, ihre Kiste zu verlassen. Als die Tiere am darauffolgenden Tag verschwunden waren, blieben sie für eine lange Zeit im Untergrund. Im Zweiten Weltkrieg gerieten sie zunächst in Vergessenheit, und erst in den Fünfzigerjahren kamen Meldungen von merkwürdigen Tieren auf, die in Ställen und Obstgärten zur Belästigung wurden. Eine zweite Waschbärenfront entstand in den Wirren des Kriegsendes, als mehrere Dutzend der Bären aus einer Brandenburger Pelzfarm entwischen konnten. Da Kassel nur rund 30 Kilometer Luftlinie vom Edersee entfernt war, fiel diese als erste Großstadt der »Invasion« zum Opfer. Dieses wurde allerdings erst deutlich nach der Wiedervereinigung, als die Waschbärenbestände unerklärlicherweise exponentiell anstiegen. In Kassel sorgte der Bär für ein überregionales Presseecho, weil er sich sukzessive den Lebensraum Stadt zu eigen machte. Als einmal zehn Polizeibeamte ein Haus umstellten, um einen mutmaßlichen Einbrecher festzunehmen, konnten sie lediglich einen einzelnen Waschbären stellen, der lautstark die Wohnung verwüstete. Urlauber mussten die Erfahrung machen, dass ganze Waschbärenfamilien während ihrer Abwesenheit das Haus »gehütet« und verwüstet hatten; andere fanden die Hausbesetzer im Gartenhaus, auf dem Dachboden und sogar in Schornsteinen. Die putzigen Bären nutzen jede Lücke. Sie kriechen durch Katzenklappen, klettern Schornsteine hinunter oder heben Dachziegel an, kriechen ins Haus und ziehen den Dachziegel wieder hinter sich zu wie ein Velux-Fenster. Dabei beobachtet man, wie die Tiere immer geschickter im Erklimmen menschlicher Behausungen werden. Kletterten sie früher noch an Fallrohren und Blitzableitern in Richtung Dach, kann man heute Waschbären sehen, die sich mit ihren scharfen Krallen einfach an einer Hausecke nach oben hangeln. Die Zahl der Vorfälle stieg im Laufe der Zeit derart an, dass die Waschbären kaum noch eine Meldung wert waren. Am liebsten halten sich die Bären heute im Kasseler Villenviertel auf – mittlerweile schätzt man die Zahl der Kasseler Waschbären auf rund 10 000 Exemplare. Vor rund 20 Jahren kam es zur Vereinigung der beiden Populationen, als zum ersten Mal Nachfahren der westlichen Nazi-Bären auf die Nachkommen der flüchtigen Ost-Bären trafen. Letztere sorgen auch in Berlin für Freud und Leid. Die niedlichen Hauptstadtbären werden sowohl gefüttert als auch verflucht, im – sowohl menschlich als auch tierisch – multikulturellen Berlin fallen sie aber weniger auf als in Kassel, zumal man einsehen musste, dass jegliche Versuche, den Waschbären zu vertreiben oder gar auszurotten, zum Scheitern verurteilt sind. Zoologen beschreiben ihn als »Habitatgeneralisten«, was die Grundlage seines Erfolges bildet und vereinfacht gesagt bedeutet: Der Waschbär kann nichts wirklich gut, ist darin aber spitze. Er ist ein Ausbund an Mittelmäßigkeit, der eine Vielzahl von Ressourcen nutzen kann. Gleichzeitig ist er wenig empfindlich für schwankende Umweltbedingungen und zeigt zudem kaum Scheu gegenüber dem Menschen. Selbst domestizierte Waschbären wären – sobald man sie wieder in die Wildnis aussetzt – weiterhin lebensfähig, vorausgesetzt, sie erhalten einen ausreichend dreidimensionalen Lebensraum. Flache Agrarlandschaften ohne Bäume sind eines der wenigen Dinge, die die Tiere nicht mögen. Der Grund: Mit seinem immer etwas buckeligen Passgang ist der Bär kein sehr gewandter Läufer und ein noch schlechterer Sprinter. Bei Gefahr rettet er sich deshalb einfach auf den nächstgelegen Baum und vertraut auf seine eigenen hervorragenden Kletterkünste – und auf die schlechten seiner Gegner. Tatsächlich hat er in Deutschland keine natürlichen Feinde, außer vielleicht dem Wolf, und der ist bekanntermaßen ein eher schlechter Kletterer.

Seine Vorliebe für Bäume führte in Berlin indes zu einem merkwürdigen Vorschlag, was man zur Bekämpfung des Waschbären tun könnte. Man müsste einfach alle Schlafbäume fällen, auf denen die Tiere den Tag verbringen, so lautete die Idee. Man hatte festgestellt, dass sich die meisten Tiere tagsüber in den Grunewald zurückziehen. Dort kuscheln sie sich – teilweise zu dritt oder viert – in Baumhöhlen oder Astgabeln zusammen und warten auf die Nacht. Der Plan wurde jedoch niemals umgesetzt, man hätte wohl das halbe Berliner Umland entwalden müssen, und wahrscheinlich wäre der Bär nur noch tiefer in die Stadt gezogen. In der Tat gibt es mittlerweile reine »Stadtbären«, die in der Stadt geboren werden, dort leben und auch sterben, was ihre Anpassungsfähigkeit und Spezialisierung auf das menschengemachte Biotop nur noch weiter vorantreibt. Der Waschbär ist gekommen, um zu bleiben, ein Zurückdrängen durch den Menschen scheint ausgeschlossen – als waschbärgeplagter Hausbesitzer wird man sich arrangieren müssen.

Wenn man Waschbären als Untermieter hat, sollte man vor allem zwei Regeln beherzigen. Nummer eins: Nahrungsangebot verknappen. Nummer zwei: Haus verrammeln. Die Hinweise einschlä-

Junge, junge, junge! Drei kleine Waschbären lümmeln auf einem Ziegeldach im hessischen Kassel herum.

giger Ratgeber lesen sich, als würde man sich auf die Ankunft eines schweren Hurrikans vorbereiten. »Biomüll und Nahrungsreste unzugänglich aufbewahren, Verschluss von Abfalltonnen mit starken Spanngurten sichern«, »Komposthaufen leeren«, »Blechmanschetten zur Sicherung von Obstbäumen und Regenrinnen anbringen«, »Beschneiden von bis ans Dach reichenden Ästen« oder »festes Verschließen aller Öffnungen und Löcher im Haus und Sicherung loser Dachbestandteile«. Immerhin: Es gibt noch keine wissenschaftliche Untersuchung, die zu dem Schluss kommt, dass der Waschbär bedrohte einheimische Arten nachhaltig gefährdet. Betroffen wären vor allem bodenbrütende Vögel oder auch die Europäische Sumpfschildkröte, die hin und wieder mit an- oder abgeknabberten Extremitäten gefunden wird. Die Populationsdichte bedrohter Arten ist in den von Waschbären besiedelten Gebieten nicht niedriger als in waschbärfreien Gegenden, trotzdem befürwortet vor allem die Jägerschaft, die Tiere stärker zu bejagen. Aktuell werden in einer Jagdsaison rund 170 000 Waschbären erlegt. Das ist eine enorme Zahl – doch die gezielte Jagd hat scheinbar einen gegenteiligen Effekt. Der Kasseler Bestand ist nach intensiver Bejagung umso stärker gestiegen. Der Waschbär reagierte auf die Verfolgung mit einer einfachen Gegenstrategie: mehr Nachwuchs zeugen, was die Population verjüngte und reger machte. Für eine wirksame Eindämmung der Population wäre ein wahres Blutbad nötig. Rund 60 Prozent der Bären – so die Schätzung – müssten jährlich geschossen werden. Eine nach Jägerverständnis waidgerechte Bejagung ist hierzulande allerdings kaum möglich, ganz im Gegensatz zum Waschbärmutterland USA, wo man weniger zimperlich ist. Im Licht einer Stirnlampe werden dort Waschbären – oft auch mit speziell trainierten Hunden – nachts einfach auf die Bäume gejagt und von unten mit Pistole oder Flinte aus dem Geäst geschossen. Unvereinbar mit den ritterlichen Vorstellungen deutscher Jäger, für die noch immer gilt: Das Tier hat zwar keine Chance, aber die darf es nutzen! Deshalb käme die klassische Ansitzjagd in der freien Natur infrage, die vielleicht waidmännisch, aber quantitativ nicht wirklich erfolgversprechend ist. Die Baujagd mit Hund ist auch keine Option, da der Waschbär dann recht ungemütlich werden und die Hunde ernsthaft verletzten könnte. Nur das Ansitzen etwa an einer Mülldeponie wäre quantitativ erfolgreicher, verspricht aber nicht unbedingt Jagdromantik. Und die innerstädtische Jagd beispielsweise in einem Kasseler Villenviertel würde selbst beim genervtesten Eigenheimbesitzer kaum für Begeisterung sorgen. Auch die Do-it-yourself-Lösungen sind keine Option für den Privatmann. Das Aufstellen einer Lebendfalle ist zwar erlaubt, aber das Jagdgesetz verbietet das Aussetzen an anderer Stelle. Der Waschbär muss unmittelbar vor dem Haus wieder freigelassen werden. Da Waschbären über ein erstaunlich gutes Gedächtnis verfügen und sich sogar an Jahre zurückliegende Ereignisse erinnern können, wäre ein derartiges Vorgehen fast schon eine Beleidigung der Waschbärintelligenz, sollte man annehmen, der Ausgesetzte würde sich nicht erinnern, wo er herkommt. Außerdem: Für die Waschbärjagd gilt das Gleiche wie für die Bildung: Sie ist Ländersache. Wer als Kasseler Waschbär den Katzensprung über die hessisch-niedersächsische Grenze macht, kann im nördlich gelegenen Bundesland von einer mehrmonatigen Schonzeit profitieren, während in Hessen ganzjährig gejagt werden darf. Bei der Intelligenz des Bären scheint es nur eine Frage der Zeit zu sein, bis er auch das noch herausbekommt.

ELSTER

Wer bin ich, und wenn ja, wer ist das da im Spiegel?

Menschen erkennen sich selbst im Spiegel – von möglichen frühmorgendlichen Ausnahmen einmal abgesehen. Wissenschaftler haben herausgefunden, dass Tiere dieses Kunststück der Selbsterkenntnis nicht zu vollführen mögen. Für die Wissenschaft galt über Jahrhunderte das unumstößliche Mantra: Tiere sind sich ihrer selbst nicht bewusst, sondern sie sind nur die Summe ihrer angeborenen Instinkte und angelernten Verhaltensweisen. Doch in den letzten Jahrzehnten verwischte diese Trennschärfe zwischen Mensch und Tier. Heutzutage ist bekannt, dass einige Spezies durchaus um ihre eigene Existenz wissen. Schimpansen, Orang-Utans, Elefanten oder Delfine – allesamt Säugetiere – bilden im Tierreich den Gipfel der tierischen Selbsterkenntnis. Hinzu kommt eine weitere Art: die Elster. Den Beweis brachte der sogenannte Spiegeltest, der mit einfachen Mitteln Antwort auf die Frage gibt: Erkennt ein Tier sein Spiegelbild als eigenes Abbild oder ist es für das Tier nur eine optische Reflexion, vielleicht ein Artgenosse, der merkwürdigerweise die eigenen Bewegungen permanent nachahmt? Um das festzustellen, markierte man Elstern mit kleinen farbigen Aufklebern an Kopf oder Brust, die sie nur im Spiegel erkennen konnten. Das Ergebnis: Die meisten Elstern schauten in den Spiegel und erkannten: »Das bin ich, aber was klebt da an meinem Kopf?« Die erstaunten Elstern versuchten (fast immer), die Aufkleber mit Krallen oder Schnabel aus dem Gefieder zu kratzen. Auch das Ergebnis der Gegenprobe war eindeutig: Man setzte markierte Vögel vor eine nicht reflektierende Wand. Keine der Elstern störte sich jetzt noch an den Aufklebern. Somit war ausgeschlossen, dass die Vögel die Markierungen nur deshalb entfernten, weil man vorher ihr Gefieder angefasst hatte.

Evolutionär gesehen ist die Fähigkeit zur Selbsterkenntnis bei Vögeln erstaunlich. Bei Säugetieren finden derartige intellektuelle Leistungen im Cortex (die Großhirnrinde) statt. Vögel besitzen keine derartige Gehirnstruktur, weshalb man lange Zeit davon ausging, dass sie auch kein Gespür für die eigene Existenz hätten. Doch offensichtlich gönnte sich die Evolution den Luxus der Selbsterkenntnis gleich auf zwei Wegen. Beim Säuger im Großhirn, das aus unterschiedlichen neuronalen Schichten besteht, bei den Vögeln in einer Gehirnregion, die eher aus organisierten Zellhaufen besteht, die völlig anders aufgebaut sind als der menschliche Cortex.

Ich denke, also bin ich: Wenn Elstern in den Spiegel schauen, sehen sie mehr als andere Vögel.

In den menschlichen Köpfen haben sich ein paar Vorurteile über Elstern eingenistet. Regelmäßig erreichen Naturschutzverbände und Jägerschaft Aufforderungen, endlich etwas gegen die Verbreitung der Elstern zu tun. Meist gepaart mit dem Hinweis auf die massenhafte Tötung unschuldiger Singvogeljungen, begangen durch die Elster. Doch was ist dran am Mythos der Massenplage? Richtig ist: In den vergangenen 50 Jahren haben sich die Bestände der Elster in manchen Großstadtbezirken verzwanzigfacht, während sie auf dem Land immer seltener anzutreffen ist. Bejagung und busch- und baumlose Agrarsteppen machen ihr das Landleben immer schwerer. In der Stadt profitiert sie unter anderem von dem Trend, Straßen wieder stärker zu begrünen. Während man in den Zeiten des Wirtschaftswunders Straßen hauptsächlich zweckdienlich von einem Punkt zum nächsten planierte, hat sich diese Vorgehensweise gewandelt und heutzutage wird Wert auf natürliches Straßenbegleitgrün gelegt. Durch dieses Grün bieten sich der Elster viele Nistmöglichkeiten. Dennoch kann von einer Massenplage in den Städten nicht die Rede sein, auch wenn manche Eigenart der Elster diesen Anschein erwecken mag: Ihr natürliches Brutverhalten täuscht eine Übervölkerung vor. Es kann vorkommen, dass von zehn gebauten Nestern nur ein einziges genutzt wird, zumindest durch die eigene Art. Elstern bauen sehr stabile Nester, die bei anderen Vogelarten sehr beliebt sind. Sogar der seltene Rotmilan wurde schon in Elsternestern gesichtet. Vor allem aber profitiert die Waldohreule, die selber keine Nester baut und Fremdnester für den Nachwuchs besetzen muss. Für sie stellt ein Elsternest in der Großstadt manchmal die einzige verfügbare Brutmöglichkeit dar. Schon

Massivbauweise: Elsternester sind robust konstruierte Trutzburgen in den Baumkronen. Verlassene Nester sind bei anderen Vogelarten deshalb fürs eigene Brutgeschäft sehr beliebt.

deshalb verbietet sich das immer wieder geforderte »Ausschießen« von bebrüteten Elsternestern. Bei dieser Jagdmethode schießt man blindlings auf die sichtbaren (aber nicht einsehbaren Nester), durchsiebt sie mit einer Ladung Schrotkugeln, wobei auch streng geschützte Eulen- oder Greifvogelarten getötet werden könnten. Die Jagd mitten in der Stadt verbietet sich aber ohnehin, auf dem Land darf sich die Elster aber nicht sicher sein. In vielen Bundesländern fällt sie unter das Jagdrecht, auch wenn es noch immer keinen wissenschaftlich fundierten Beweis dafür gibt, dass der schwarz-weiße Vogel Singvogelpopulationen ernsthaft gefährden kann. Richtig ist, dass ein kleiner Teil ihrer Nahrung aus Eiern und kleineren Singvögeln besteht. Für einen Gartenbesitzer mag das Herz eher für ein putziges Blaumeisenjunges schlagen als für eine krächzende Elster auf Beutezug. Doch die Elster versucht genauso zu überleben wie die Blaumeise, weshalb die Forderung der Bejagung von der Mehrheit der Experten abgelehnt wird.

IST DER RABENVOGEL WIRKLICH EIN TIERISCHER KLEPTOMANE?

Nein, das Vorurteil, dass die Elster – vor allem glänzende Gegenstände – mitgehen lässt, ist widerlegt. Englische Wissenschaftler ließen Elstern zwischen einem Haufen Nüsse und einer Handvoll glänzender und funkelnder Gegenstände wählen. Ergebnis: Bei den Nüssen griffen die Rabenvögel kräftig zu, die Glitzergegenstände blieben uninteressant.

Sofern man unter den Stadttieren wirklich einen Schuldigen für ein Singvogelsterben sucht, schleicht sich dieser auf vier Pfoten durchs Gebüsch: In manchen Gärten fallen rund 60 Prozent der Singvögel Katzen zum Opfer. Hinzu kommen auch Nesträuber wie Marder und Eichhörnchen. Auch wenn die Elster bei vielen Vogelfreunden verrufen ist – das Zerrbild des Singvogelkillers hat nichts mit der Realität zu tun. 90 Prozent ihrer Nahrung besteht aus Insekten, Früchten, Weichtieren, Getreide oder Abfällen, mit den restlichen 10 Prozent macht sich die intelligente Elster zwar nicht beliebt, rottet damit aber auch keine Singvogelarten aus. Und überhaupt: Um jemanden zu finden, der ganze Tierarten ausrotten kann, dafür reicht beim Menschen schon der Blick in den Spiegel.

TURMFALKE

Sei gegrüßt, altes Haus!

Ein wahres Musterbeispiel in Sachen Kulturfolge ist der Turmfalke. Der kleine Greifvogel hat schon früh menschliche Bauwerke wie beispielsweise Kirchtürme als praktische Brutplätze für sich entdeckt. Dieses Verhalten hat ihm seinen deutschen Namen eingebracht, wobei der wissenschaftliche Name *Falco tinnunculus* so viel wie der »schellende« oder »klingende« Falke bedeutet und sich von den charakteristischen »Kikikiki«-Rufen des Vogels ableitet. Ursprünglich sind Turmfalken Felsbrüter, die bevorzugt in steinigen Regionen in Spalten und Höhlen ihre Jungvögel aufziehen. Im Laufe der Zeit sind jedoch in den Städten durch Hochhäuser, Kirchtürme und Industriebauten jede Menge »künstliche« Felsen entstanden, die dem Turmfalken ideale Brutbedingungen bieten. Heute sind Turmfalken in nahezu jeder Großstadt heimisch und beziehen hier vornehmlich die verwinkelten Altbauten, die für die Vögel viele Nischen als Brutplätze bereithalten.

Wenn Biologen das Leben von Wildtieren in der Stadt untersuchen, stellt sich fast immer die Frage, ob Faktoren wie Lärm oder Verkehr die Tiere unter Stress setzen. Dies lässt sich durch Blutuntersuchungen herausfinden, bei denen die Sättigung von Stresshormonen analysiert wird. Wenn es um Turmfalken geht, stellt sich die Sache nicht ganz so einfach dar: Wie soll man einem Vogel, der in schwer zugänglichen und hoch gelegenen Gebäudenischen brütet, Blut abnehmen, ohne ihn dabei so unter Stress zu setzen, dass er Stresshormone ausschüttet und es damit unmöglich macht, Stresshormone zu messen, die sich allein auf Umweltbedingungen zurückführen lassen? Wissenschaftler vom Department für Integrative Zoologie der Universität Wien haben eine ungewöhnliche Methode angewendet. Sie bastelten künstliche Eier, die optisch und von der Größe einem Turmfalkenei gleichkamen. In diese Eier setzte man jeweils ein Exemplar einer mexikanischen Raubwanze, die sich normalerweise von Eidechsenblut ernährt, das sie mithilfe eines dünnen Stechrüssels

»aus dem Reptil« abzapft. Im Zuge der Untersuchungen wurden diverse Turmfalkennester erklettert, in die man die präparierten Eier einschleuste. Während die Falken brüteten, durchbrach die Raubwanze die Eierschale und stillte ihren Hunger mit dem Blut der Falken. Nach wenigen Stunden holte man das falsche Ei samt Wanze wieder aus dem Nest und extrahierte das frische Falkenblut aus dem

Wissen verwinkelte Altbauten sehr zu schätzen: Turmfalken sind typische Gebäudebrüter.

Insekt, um es auf Stresshormone zu untersuchen. Das Ergebnis war eindeutig: City-Falken sind nicht gestresster als ihre Verwandten, die am Stadtrand leben.

Dieses Ergebnis ist ein Beleg dafür, wie gut sich Stadtturmfalken auf das Leben im urbanen Umfeld eingestellt haben. So haben sie beispielsweise ihren Speiseplan angepasst und sich hinsichtlich ihrer Beutetiere auf Sperlinge und andere Kleinvögel spezialisiert. Landbewohnende Turmfalken hingegen jagen traditionell Feldmäuse, Spitzmäuse und Wühlmäuse. Hierfür haben sich die Vögel die sogenannte Rütteltechnik angeeignet, eine Art Standschwebeflug, die es den Falken erlaubt, helikoptergleich in der Luft auf der Stelle zu stehen. Der Rüttelflug ist ein typisches Markenzeichen, an dem man den Turmfalken leicht erkennen kann. Da das Rütteln einen hohen Energieeinsatz erfordert, ist es für die Vögel wichtig, diese Jagdtechnik effektiv einzusetzen und nur dann zu verwenden, wenn ein Erfolg in Aussicht steht. Dabei kommt den Vögeln eine zweite Spezialisierung zugute: Die Augen der Falken sind nicht nur äußerst scharfsichtig, sie können darüber hinaus auch UV-Licht wahrnehmen. Diese Fähigkeit bringt bei der Mäusejagd einen wichtigen Vorteil mit sich, da Mäuseurin UV-Strahlen reflektiert. Die Turmfalken können schon von Weitem frische »Pinkelspuren« erkennen und dadurch beurteilen, ob ein Jagderfolg winkt, für den sich der aufwendige Rüttelflug lohnt. Da es insbesondere während der kalten Jahreszeit gilt, sparsam mit den Energiereserven umzugehen, stellen

Nachwuchs aus dem Blumenkasten: Turmfalken sind bei der Wahl ihrer Nistplätze sehr einfallsreich.

die Falken im Winter ihre Jagdtechnik um. Die Rütteltechnik kommt dann nur noch selten zum Einsatz. An ihre Stelle tritt die Ansitzjagd. Bei dieser Methode sitzt der Falke kräftesparend auf einem erhöhten Posten, der ihm einen guten Rundumblick gewährt. Von hier beobachtet er das Geschehen und wartet, bis ein Beutetier in sein Sichtfeld gerät. Diese Jagdmethode ist zwar deutlich zeitaufwendiger, Untersuchungen haben jedoch ergeben, dass die Effizienz der Ansitzjagd im Winter dennoch höher ist. Während im Sommer der Energieaufwand zur Erbeutung einer Maus bei beiden Jagdmethoden identisch bleibt, so ist im Winter der Energieaufwand je erbeuteter Maus bei der Ansitzjagd nur halb so hoch wie beim Rüttelflug.

Dennoch lässt sich der Rüttelflug im innerstädtischen Umfeld auch im Sommer nur selten beobachten. Im Zuge der umgestellten Speisekarte von Wühlmaus auf Kleinvögel und Insekten haben die Falken ihre Jagdmethode angepasst. Und auch an anderer Stelle macht sich die Maus-Diät bemerkbar. Wissenschaftler der Universität Wien haben herausgefun-

NISTHILFEN FÜR TURMFALKEN

Die moderne Architektur mit ihren geraden Flächen bietet weniger Brutplätze als die nischenreichen Altbauten. Wenn im Zuge von Sanierungsarbeiten alte Bauwerke durch neue Gebäude ersetzt werden, schwinden für die Turmfalken die Brutmöglichkeiten in den Städten. Um den Bestand zu stützen, werden in immer mehr Orten künstliche Nisthilfen für die Vögel geschaffen. Die »Hauptstadt« der Turmfalken ist Berlin. Mit jährlich 200 bis 300 Brutpaaren findet sich hier die höchste städtische Turmfalkenpopulation Deutschlands. Hier brüten mittlerweile mehr als die Hälfte der Turmfalken in eigens für sie angebrachten Nistkästen.

den, dass in der Innenstadt beheimatete Turmfalken ein blasseres Gefieder als ihre ländlichen Verwandten haben. Hintergrund ist der Nährstoffgehalt der Beutetiere: Insbesondere bei den Mikronährstoffen, wie zum Beispiel Carotinoiden, weisen die Beutegruppen von Land- und Stadtfalken große Unterschiede auf. Carotinoide sind orangefarbene Pigmente, die unter anderem stimulierend auf das Immunsystem wirken. Die Forscher vermuten, dass die Stadtfalken im Zuge der schwächeren Versorgung mit Carotinoiden diese nicht in der Haut beziehungsweise im Gefieder ablagern, sondern im Immunsystem einsetzen, um Parasiten und Infektionen abzuwehren. In der Folge fällt bei den Falken, die in der Stadt geschlüpft und aufgewachsen sind, die charakteristische braun-orange Färbung des Rückens und der Flügel schwächer aus.

EICHHÖRNCHEN

Wo ist die Nuss?

»Oh guck mal, wie süß – ein Eichhörnchen!« Die kleinen Nager sind weitverbreitet und gehören zu den beliebtesten Wildtieren in der Stadt. Mit ihrem rundlichen Kopf und den runden dunklen Augen passen Eichhörnchen perfekt in das Kindchenschema und wirken auf uns Menschen sehr niedlich. Wenn sie aufrecht sitzen, eine Nuss in ihren Vorderpfoten halten und anfangen zu knabbern, haben sie fast menschliche Züge. Die Tiere sind sehr zutraulich und werden in Parks und Gärten mitunter handzahm.

Sobald im Winter der erste Schnee fällt, heißt es für viele Tiere: ab in die Höhle und schlafen – und zwar so richtig, am besten bis der Frühling da ist. Igel, Siebenschläfer oder Haselmaus fressen sich im Herbst eine dicke Fettschicht an und verbringen die kalte Jahreszeit im Tiefschlaf. Anders die Eichhörnchen. Die Lebensweise der quirligen Kleinnager zwingt sie zum Verzicht auf körpereigene Speckröllchen. Der Grund: Eichhörnchen sind klassische Fluchttiere und immer auf dem Sprung. Bei dem geringsten Verdacht auf Gefahr schlagen sie sich in die Büsche oder auf die Bäume. Vier bis fünf Meter weite Sprünge sind für die Tiere nichts Ungewöhnliches, wenn sie sich von Baumkrone zu Baumkrone katapultieren. Die Leichtgewichte balancieren auf dünnen Zweigen, auf die ein schwergewichtiger Verfolger, wie der Baummarder, keine Pfote setzen würde. Greifvögel verwirren sie mit ihrem »Spirallauf«, bei dem sie einen Baumstamm spiralförmig hinauf wirbeln und im Gewirr des Astwerkes immer wieder vor den Augen ihres Feindes verschwinden. Ein fettgefressenes Eichhörnchen könnte derlei Baumakrobatik wenig überzeugend vortragen. Nur wer schlank bleibt, überlebt. Statt sich, wie zum Beispiel ein Siebenschläfer, einmalig richtig satt zu essen, sich einzugraben und Monate durchzuschlafen, betreibt das Eichhörnchen langfristige Vorratshaltung für regelmäßige Snackpausen. Dabei sind die Tiere echte Organisationstalente: Bis zu 10 000 Nüsse, Eicheln und Zapfen sammeln und verscharren sie im Boden. Die Eichhörnchen halten lediglich eine Winterruhe und müssen, anders als die winterschlafenden Kollegen, alle zwei, drei Tage ihr Zuhause verlassen und sich auf die Suche nach ihren vergrabenen Vorräten machen. Was nicht immer leicht ist, insbesondere wenn die Landschaft plötzlich schneebedeckt ist und dementsprechend völlig anders aussieht als noch im Herbst. Wer schon mal Ostereier im Garten versteckt hat, weiß, wie schwer es sein kann, diese auch alle wiederzufinden – und das nach nur wenigen Stunden und mit einer im Vergleich zu 10 000 Nüssen weitaus geringeren Anzahl an versteckten Köstlichkeiten. Wie die Eichhörnchen auch nach mehreren Wochen noch ihre Vorräte wiederfinden, ist bis heute nicht restlos geklärt. Mit Sicherheit ist es aber ein Zusammenspiel von einem sehr guten Gedächtnis und einem sehr feinen Geruchssinn. Man weiß mittlerweile, dass Eicheln, Walnüsse, Samen oder Bucheckern nicht wild durcheinander an wahllos ausgewählten Orten vergraben werden, sondern meist nach Nusssorten sortiert. Das Ordnungsprinzip eines Eichhörnchens könnte so lauten: Eicheln nur unter Wurzeln, Walnüsse immer neben Baumstümpfe, Haselnüsse nur im dichten Gebüsch. Genau wie ein Mensch, der den Inhalt seiner Einkaufstüten auch nicht wahllos im Haus verstreut, sondern an gewohnten Orten einsortiert, bestückt das

GESCHICKTE NUSSKNACKER

Geniale Techniker: Beim Knacken der Nüsse nagen Eichhörnchen zunächst eine tiefe Furche in die Nussschale, schieben dann ihre Zähne wie einen Keil in die Ritze und sprengen die Schale auf. Die Nagezähne des Eichhörnchens wachsen zeitlebens weiter und müssen von den Nagern durch das Fressen von harter Nahrung wie Nüssen oder Eicheln regelmäßig abgeschliffen werden.

Der städtische Lebensraum bietet Eichhörnchen jede Menge Nischen und Rückzugsorte. Nicht immer wissen die Tiere damit umzugehen: Insbesondere bei Gullideckeln verschätzen sich die Nager regelmäßig und bleiben stecken, bis sie von Menschen befreit werden.

Eichhörnchen den Waldboden nach bestimmten Regeln. So entsteht im Eichhörnchengehirn ein Lageplan von Orten, an denen eine hohe Wahrscheinlichkeit besteht, Nüsse oder sonstige Nahrung zu finden. Forscher der amerikanischen Universität Berkeley gehen sogar so weit zu behaupten, dass das Gehirn des Eichhörnchens sich im Herbst vergrößert, weil die Tiere in dieser Zeit unentwegt über Nüsse und Nussverstecke nachdenken würden. Mit einer »mentalen Schatzkarte« im Kopf klappern die Nager dann im Winter den Waldboden ab. Hat ein Eichhörnchen ein mögliches Versteck erreicht, erledigt der Geruchssinn den Rest. Mit dessen

Von wegen »mühsam nährt sich das Eichhörnchen«: Die kleinen Nager sind echte Organisationstalente und finden ihre Vorräte selbst unter einer dicken Schneeschicht wieder.

Hilfe können die Tiere selbst unter einer 30 Zentimeter dicken Schneedecke noch Nahrung erschnüffeln. Doch mit fortschreitendem Winter verblasst selbst bei einem Kognitionswunder wie dem Eichhörnchen langsam die Erinnerung und so kommt es, dass die Tiere zumeist nicht alle ihre Vorräte wiederfinden. Das wiederum ist durchaus im Sinn der Arterhaltung: Im Frühjahr keimen die vergessenen Eicheln und Nüsse, sodass neue Bäume entstehen, die dann langfristig den Nachschub an Nahrung für nachfolgende Generationen sicherstellen. Wie gut diese Strategie funktioniert, versetzt Gartenfreunde immer wieder in Erstaunen. Wenn im Rosenbeet und mitunter sogar im Blumenkasten auf der Terrasse plötzlich Eichen, Wal- oder Haselnussbäumchen sprießen,

STREITFRAGE

Kommt das Grauhörnchen?

Das rotbraune Eichhörnchen steht in Großbritannien kurz vor dem Aussterben. Mittlerweile stehen geschätzten 100 000 roten Eichhörnchen mehr als 2,5 Millionen Grauhörnchen gegenüber. Der Vormarsch des grauen Nagers begann vor 150 Jahren, als man ein Paar dieses nordamerikanischen Hörnchens in der Grafschaft Bedfordshire aussetzte. Auch in Deutschland fürchten manche Natur- und Artenschützer einen Einmarsch des Grauhörnchens – es steht auf der Warnliste der potenziell invasiven Tierarten des Naturschutzbundes NABU. Hierbei ist wichtig zu wissen, dass nicht jedes graue Hörnchen auch ein Grauhörnchen ist und deshalb auch nicht aus dem heimischen Garten vertrieben oder gar dessen Bau zerstört werden sollte. Der Hintergrund: Da es unter den heimischen Eichhörnchen zahlreiche graue Varianten gibt, kann es immer wieder zu bedauerlichen Verwechslungen kommen. Manche Experten befürchten, dass es nur eine Frage der Zeit ist, bis das Grauhörnchen auch Mitteleuropa erobert. Sicher ist, dass die eigentliche Gefahr nicht von den Britischen Inseln, sondern von Süden her droht. Im italienischen Piemont oder in Ligurien leben bereits heute zahlreiche der tierischen »Invasoren« und auch in der Schweiz sind bereits erste Exemplare gesichtet worden.

lässt sich das oft auf Eichhörnchen zurückführen, welche die Nüsse im Herbst vergraben und dann über den Winter vergessen haben.

AUSTERNFISCHER

Hammertypen und Bruchpiloten

Eine Nordseeküste ohne Austernfischer? Für viele ist das so schwer vorstellbar wie Hamburg ohne Elbphilharmonie, Köln ohne Dom oder Berlin mit Flughafen. Der schwarz-weiße »Halligstorch« mit dem knallroten Schnabel ist wohl (gleich nach den Möwen) der Vogel, den man am meisten mit der Nordsee in Verbindung bringt. Sein schriller Ruf übertönt jedes Wellenrauschen und gehört zum akustischen Inventar von Salzwiesen, Deichen oder Dünen – und überraschenderweise auch zur monströsen Fertigungshalle des größten Verkehrsflugzeugs der Welt! Auf dem Flachdachbau des Airbuskonzerns in Hamburg spielt sich immer dann ein kleines Drama ab, wenn hier mal wieder ein Austernfischerküken geschlüpft ist. Der Grund für das Drama: Austernfischer sind von Natur aus Nestflüchter. Die Küken schlüpfen, lassen ihr Gefieder trocknen und marschieren ihren Eltern hinterher. Ein angeborener Instinkt, dem sich kein Küken entziehen kann. Am Meer würde es seinen Eltern ins Watt folgen, wo diese das Küken dann in der Nahrungsbeschaffung unterrichten. Dummerweise sind die Nahrungsquellen auf Industriebauten recht übersichtlich, um nicht zu sagen: nicht vorhanden. Die Eltern müssen deshalb auf umliegenden Wiesen oder Rasenflächen nach Essbarem suchen. Um ihnen zu folgen, stürzt sich das Küken dann einfach vom Dach. Ob Flugzeugwerft oder Hochhaus – die kleinen Bruchpiloten überleben zumeist, denn sie sind federleicht, außerdem lindern elastische Knochen und das flauschiges Gefieder den Aufprall. Dennoch fragt man sich: Wie schlimm muss es um den Austernfischer an der Nordsee bestellt sein, dass er die maritime Idylle gegen ein Leben in einer Betonwüste eintauscht, die seinen Nachkommen selbstmörderische Flugeinlagen abverlangt? Wer das verstehen will, muss sich mit den schlimmsten Feinden des Austernfischers beschäftigen: Fuchs, Wiesel, Mink und Marder. Sie alle haben eines gemeinsam: Das Fressen von Vogeleiern gehört zu ihren Spezialitäten, das Erklimmen von Großstadt-Flachdächern eher nicht. Auch wenn beispielsweise der Fuchs längst die Stadt für sich entdeckt hat, eine senkrechte Fabrikhallenwand bleibt für ihn unbezwingbar. In der freien Natur hingegen richtet der Eierdieb zunehmend Schaden an, da die Fuchsbestände nach der Ausrottung der Tollwut wieder stark zugenommen haben und die Bodennester der Austernfischer für Füchse leicht zugänglich sind.

Neben den Beutegreifern gibt es eine weitere Bedrohung für die traditionellen Brutgebiete des Austernfischers. Immer mehr Sommerfluten schwemmen die Eier der Vögel von den Salzwiesen hinweg. Ob die zunehmenden Überflutungen bereits eine Folge des Klimawandels sind, kann man nicht mit Sicherheit sagen. Sicher ist aber, dass die Attraktivität küstennaher Brutgebiete insgesamt ab-

Austernfischer sind Nestflüchter. Bereits kurz nach dem Schlüpfen folgen die Jungen den Eltern bedingungslos. Auf hohen Flachdachbauten kann das zum Problem werden.

genommen hat und immer mehr Austernfischer die Landflucht antreten, obwohl der Vogel eigentlich keine Veränderung mag: Einen guten Brutplatz mit Meerblick verteidigt er manchmal lebenslang. Austernfischer werden erst mit vier Jahren geschlechtsreif, leben bis zu 40 Jahre und das fast immer monogam mit dem gleichen Partner – das ist selbst für menschliche Verhältnisse eine reife Leistung.

In der Kunst, die nahrhaften Mies- und Herzmuscheln zu knacken, wird ein junger Austernfischer von seinen Eltern unterrichtet. Unter dem Motto »Wie der Vater so der Sohn« bestimmen sie, ob der Nachwuchs zum »Stocherer« oder »Hammerer« erzogen wird. Stocherer gehen chirurgisch zu Werke und kennen sich in der Anatomie der Muscheln aus. Sie schieben ihren Schnabel an einer bestimmten Stelle zwischen die beiden Muschelschalen und versuchen durch Verletzung des Schließmuskels die Muschel elegant zu öffnen. Dem Hammerer ist der Schließmuskel zunächst egal. Er setzt auf grobe Gewalt. Dafür sucht er sich eine feste Unterlage, fixiert die Muschel fest zwischen seinen Krallen, spannt Oberkörper und Hals kräftig an und hämmert wie ein wildgewordenes Schaukelpferd mit seinem Schnabel auf die Muschelschale, bis Teile davon abplatzen und der Schließmuskel schließlich erreichbar ist. Wenn ein junger Austernfischer eine der beiden Techniken von seinen Eltern erlernt hat, wird er sie für den Rest seines Lebens anwenden. Man kann einem Austernfischer sogar ansehen, welcher Handwerksschule er angehört, man muss ihm nur genau auf seinen Schnabel schauen. Dieser wächst täglich rund einen halben Millimeter und formt sich passend zur jeweiligen Technik. Anhänger des Stocherns bekommen spitze, flache Schnäbel, eher in Form eines Brieföffners, während die Schnäbel der Hammertypen sehr stumpf und dick sind. Doch wie schaut es in der Stadt aus, in denen Muscheln nur auf Speisekarten in gehobenen Restaurants und kaum in freier Natur vorkommen? Hier tauscht der Austernfischer Watt gegen Rasen und Muscheln gegen Würmer.

Große kiesbedeckte Flachdachbauten mit naheliegenden Rasenflächen sind das ideale Stadtbiotop des Austernfischers. Hier kann man ihn bei einer etwas merkwürdig anmutenden Tätigkeit beobachten: Die Vögel trampeln auf Fußballplätzen, als würden sie für den Platzwart lose Rasenstücke festtreten. Dahinter steckt eine hinterlistige Strategie, um Würmer zu fangen: das sogenannte Wurmgrunzen. Mit seinem Getrampel erzeugt der Austernfischer im Erdreich Vibrationen, die dem Geräusch eines grabenden Maulwurfs ähneln. In der Nähe befindliche Regenwürmer – die Lieblingsspeise des Maulwurfs – werden dadurch in Alarmstimmung versetzt. Die Würmer fliehen vor der vermeintlich unterirdischen Bedrohung und tappen in die überirdische Falle des Austernfischers.

Der Name des Austernfischers war für lange Zeit eine doppelte Lüge: Weder fischte er noch fraß er Austern. Die Europäische Auster ist dafür viel zu selten und vor allem viel zu hart. Doch seit ein paar Jahren macht der Vogel seinem Namen zumindest halbe Ehre! Schuld daran ist ein Orangensafthersteller, von dem sich viele Naturschützer wünschten, er wäre niemals an die Nordsee gekommen. Was war passiert? In den Achtzigerjahren pachtete der Unternehmer Rolf Dittmeyer (»Onkel Dittmeyer«) ein Stück Wattenmeer und ließ dort Pazifische Austern züchten. Man nahm an, dass die fremdländischen Austern im kalten Nordseewasser zwar gut gedeihen, sich aber nicht weiter ausbreiten würden. Ein guter Plan, von dem scheinbar nur die Pazifische Auster nichts wusste. Zur Überraschung aller Beteiligten machte es sich die Muschel zunehmend auf Miesmuschelbänken gemütlich, vermehrte sich schließlich explosionsartig und wird von manchem Naturschützer heutzutage als invasive Massenplage verflucht (Was Gastronomen nicht daran hindert, sie als völlig überteuerte »Sylter Royal« an Leute zu verkaufen, die glauben, sie würden ein »deutsches« und regionales Produkt in sich reinschlabbern.). Die Frage, die Ornithologen elek-

Sicher vor Füchsen und Fluten: Eine Austernfischerfamilie auf einem Hannoveraner Flachdach.

trisierte, war jedoch: Wird der Austernfischer die Pazifische Auster knacken? Sie ist zwar größer und scharfkantiger, aber etwas leichter zu öffnen als die Europäische Auster. Rund 30 Jahre nach der Ankunft der fremden Art war es so weit: Nahe der ostfriesischen Insel Baltrum wurden Austernfischer gesichtet, die sich einen Weg durch die scharfkantige Schale stocherten. Seither genießen die Vögel völlig kostenlos eines unserer teuersten Nahrungsmittel. Dass die neue Nahrungsquelle die Bestandssituation des Muschelknackers positiv beeinflussen wird, ist indes nicht zu erwarten – schließlich lebt die Pazifische Auster genau dort, wo vorher heimische Muscheln siedelten. Die Speisekarte der Vögel wird in der Folge zwar abwechslungsreicher, die Portionen selbst werden insgesamt jedoch nicht größer.

BESTANDSENTWICKLUNG

Rentnertreff am Nordseestrand?

In den vergangenen 25 Jahren schrumpfte der Bestand des Austernfischers dramatisch. Mit rund 10 000 Brutpaaren hat er sich in Deutschland halbiert. Auch die zunehmenden Dachbrüter in den Städten werden diesen Trend nicht umkehren können. Neben Eierdieben bereiten Naturschützern die schwindenden Brutmöglichkeiten Sorgen. Auch für das Nest eines Austernfischers gilt die alte Immobilienregel: Was zählt, ist Lage, Lage und Lage. Je näher am Meer, desto einfacher können die Jungen mit Nahrung versorgt werden. Mit zunehmender Überflutungsgefahr steigt aber auch das Risiko, hinweggeschwemmt zu werden. Landeinwärts brütende »Pendler« müssen hingegen lange Anflugwege in Kauf nehmen, was dem Bruterfolg nicht förderlich ist. Existierende Brutplätze mit Meerblick sind deshalb heiß begehrt und werden von ihren Besitzern eisern verteidigt. Junge Austernfischer müssen manchmal bis zu zehn Jahre auf ein passendes Zuhause warten. So lange treiben sie sich mit ihren Leidensgenossen in größeren Junggesellentrupps in der Gegend herum. Auch die ältere Generation verzerrt das Bild. Da die Vögel bis zu 40 Jahre alt werden, sind die Rückgänge im Bestand nicht immer gleich offensichtlich. Einem Austernfischer sieht man eben nicht an, ob er noch im zeugungsfähigen Alter ist oder als betagter Vogel einfach so am Nordseestrand auf und ab läuft.

Dennoch ist die Entwicklung ein guter Beleg für die Anpassungsfähigkeit der Vögel. Auch an anderer Stelle zeigt der Austernfischer, dass er mit Herausforderungen umzugehen weiß: Im Kampf ums Überleben ihrer Art, haben die Vögel eine ganz spezielle Eigenschaft entwickelt: das »Verleiten«. Hinter dem nüchternen Begriff steht echtes Showtalent: Wenn sich ein Feind, wie zum Beispiel ein Fuchs, einem Nest mit Jungvögeln nähert, mimt einer der Elternvögel plötzlich den sterbenden Schwan. Dabei schleppt er sich humpelnd, stolpernd und mit hängenden Flügeln einen Knochenbruch markierend vom Nest weg und täuscht vor, eine leichte Beute zu sein. Mit diesem Verhalten zieht er die Aufmerksamkeit des Fuchses auf sich und führt diesen von dem Nest mit den Jungvögeln fort. Ist die Distanz zum Nest groß genug, wird das Schauspiel kurzerhand beendet und der Vogel flattert zur großen Verwirrung des Fuchs munter davon.

STUBENFLIEGE

Unfassbare Blitzmerker

Stubenfliegen geht es so wie den meisten Insekten: Sie sind beim Menschen nicht besonders beliebt und finden zumeist erst dann Beachtung, wenn sie stören. Alfred Brehm schrieb bereits 1894 in seinem Werk *Brehms Thierleben*: »Kein Thier – das kann wohl ohne Übertreibung behauptet werden – ist dem Menschen ohne sein Zuthun (...) ein so treuer, in der Regel recht lästiger, unter Umständen unausstehlicher Begleiter, als die Stubenfliege.« Anders als bei flauschfelligen Kaninchen, Stöckchen holenden Hunden oder kleinen, aus großen Augen niedlich schauenden Robben können wir Menschen den Fliegen wenig abgewinnen. Die Tierklasse der Insekten ist dem *Homo sapiens* in der biologischen Ordnung deutlich ferner als die der Säugetiere oder der Vögel, und das zeigt sich auch beim Sympathiefaktor. Umgekehrt ist genau das Gegenteil der Fall: Fliegen finden Menschen im wahrsten Wortsinn sehr anziehend und versuchen immer wieder, auf deren Haut zu landen. Das hat allerdings weniger mit Begeisterung für die menschliche Spezies an sich, sondern vielmehr mit dem eigenen Hunger zu tun. Menschen riechen für die Fliegen sehr appetitlich – unsere Körpergerüche, egal ob sie Schweiß oder süßlichem Duschbad entstammen, wirken auf die Tiere verführerisch. Auf der Haut finden sie als Nahrung leckere Hautschuppen oder proteinreichen Schweiß. Wenn eine Fliege durchs Haus schwirrt, wecken neben dem Hausherrn selbst noch zwei weitere Landeplätze ihr Interesse: der Esstisch (sofern er gedeckt ist oder noch Essensreste bereithält) und der Mülleimer. Aus Fliegensicht stellen hierbei insbesondere die menschliche Haut wie auch die gedeckte Tafel eine große Herausforderung dar: Es bedarf der unermüdliche Ausdauer eines Sisyphos, um das Ziel immer und immer wieder neu anzufliegen, auch wenn man permanent weggescheucht wird. Diese Nehmerqualitäten begründen den zweiten Namen, auf den die Stubenfliege hört: Gemeine Hausfliege. Hat man so einen Brummer erst einmal im Haus, bekommt man ihn kaum wieder hinaus. Vor allem im städtischen Umfeld zeigt sich die Stubenfliege sehr anhänglich, was an der fehlenden Verfügbarkeit anderer »Tiere« und Duftquellen wie Misthaufen oder Schweineställen liegt. In ländlichen Gegenden sieht die Lage anders aus. Hier fliegen die Insekten gern Kuhherden an; auch frische Pferdeäpfel strahlen eine hohe Anziehungskraft aus. In der Stadt haben die Fliegen jedoch in Ermangelung von Kühen und Pferdeäpfeln ihren Ernährungsplan stärker auf den Menschen ausgerichtet. Da sie ihren Geschmackssinn jedoch nicht auf bestimmte Sachen fokussieren, sind sie wenig wählerisch und begeistern sich gleichermaßen für Mülleimer, Hundehaufen wie für festlich gedeckte Mittagstische. Und hier fängt es an, unappetitlich und unter Umständen sogar gefährlich für unsere Gesundheit zu werden, schließlich schleppen umtriebige Fliegen unzählige Bazillen und Keime mit sich herum. Wer eine Fliege im Esszimmer entdeckt, braucht aber nicht gleich die ganze Mahlzeit in den Mülleimer zu entsorgen. Auch ein kurzes Anlanden einer Fliege (Dreisekundenregel!) auf dem Sonntagsbraten ist zumeist unbedenklich. Je länger das Insekt jedoch auf dem Essen verweilt, desto eher kann es zur Übertragung von Keimen kommen. Spätestens wenn das Tier selbst begonnen hat, das Essen zu verspeisen, wird die Lage recht speziell, denn Fliegen haben in Ermangelung von Zähnen eine sehr eigenwillige Art der Nahrungsaufnahme entwickelt. Um feste Nahrung zu zersetzen, übergeben sie sich auf diese; anschließend saugen sie das Ganze mit ihrem kleinen Rüssel wieder auf. Das ist aus Fliegensicht eine wunderbar praktische Lösung, um die eigene Zahnlosigkeit auszugleichen; für den Menschen wird es jedoch sehr unappetitlich, wenn Reste von Fliegen-Erbrochenem auf dem Essen verweilen. Dass es in Nordeuropa verhältnismäßig selten zur Übertragung von Krankheiten kommt, ist vor allem den hiesigen Hygienestandards sowie der Tatsache zu verdanken, dass Stadtfliegen deutlich seltener mit Tierkot in Berührung kommen als Landfliegen.

Schau mir in die Augen, Kleines! Die Frage ist nur, in welches? Die Facettenaugen der Fliege setzen sich aus mehreren Tausend Einzelaugen zusammen.

Vor diesen Hintergründen ist es wenig verwunderlich, dass die Fliege ein echtes Imageproblem hat. Dabei hat *Musca domestica*, wie die gemeine Stubenfliege offiziell heißt, viel mehr drauf, als man ihr auf den ersten Blick zutraut! Das zeigt sich vor allem dann, wenn der Mensch ihr genervt an den Kragen will und dabei (fast) immer den Kürzeren zieht. Denn trotz aller Überlegenheit, die man gemeinhin gegenüber der Fliege empfindet: Mal eben so locker an die Wand klatschen lassen sich die ungeliebten Tiere von dem vermeintlich hoch entwickelten *Homo sapiens* nicht. Fliegen sind extrem reaktionsschnell und zudem gewandte Flieger. Ihre exzellenten Fluchtfertigkeiten haben sie vor allem zwei Spezialeigenschaften zu verdanken: ihren großen Facettenaugen und ihrem sehr kleinen und einfach verschalteten Gehirn. Anders als der Mensch überblickt die Fliege ein unbegrenztes Sichtfeld. Mit ihrem 360-Grad-Rundumblick kann sie gleichzeitig (!) nach rechts, links, oben, unten, vorne und hinten schauen. Außerdem kommt noch hinzu, dass sie bis zu 300 Lichtimpulse in der Sekunde wahrnimmt (der Mensch registriert lediglich circa 40 Lichtimpulse) und damit jeden Schatten einer zum Schlag ausholenden Hand schon frühzeitig bemerkt. Und damit nicht genug: Das Fliegenauge re-

Flüssige Speisen werden von den Fliegen »weggerüsselt«. Bei fester Nahrung kommt die »Kotz-Saug«-Technik zum Einsatz, die für den Menschen durchaus unappetitlich daherkommt.

gistriert um die 200 Bilder pro Sekunde, während der Mensch es im selben Zeitraum auf nicht viel mehr als 20 Aufnahmen bringt. Menschliche Bewegungen nimmt die Fliege daher in Zeitlupe wahr und hat aus ihrer Perspektive reichlich Zeit, einer schlagenden Hand auszuweichen. Ein menschlicher Angriff muss der Fliege lächerlich unsinnig vorkommen, noch dazu, wo das menschliche Gehirn ungleich weiterentwickelt ist als das des Insekts. Doch obwohl das Fliegenhirn sehr klein ist und nur wenige Milligramm wiegt, ist es dem menschlichen Denkapparat beim Räuber- und Gendarmspiel weit überlegen. Hintergrund ist die sehr einfache und zielgerichtete Verschaltung: Zwischen Auge und Gehirn liegen bei der Fliege gerade mal fünf Synapsen als Schaltzellen, und auch die Entfernung vom Auge zum Fliegenhirn beträgt nur wenige Millimeter, sodass die Signale einen viel kürzeren Weg als beim Menschen haben und dementsprechend schneller ihr Ziel erreichen. Der *Homo sapiens* ist aus diesem Grund hoffnungslos unterlegen: In dem Moment, wo er wahrnimmt, dass die Fliege wegfliegen will, ist das Tier schon längst in der Luft.

Doch auch wenn das sinnlose Herumgefuchtel ähnlich erfolgversprechend anmutet wie der Versuch von Kühen, mit dem Herumfuchteln des Schwanzes den Fliegen eine Lektion zu erteilen, hat der Mensch mit seinem Forschergeist und technischen Hilfsmitteln wie Zeitlupentechnik im Laufe der Zeit Möglichkeiten entwickelt, zumindest den einen oder anderen Brummer mit pfiffigen Jagdmethoden in seine Schranken zu weisen. Fliegenjäger schwören hierbei vor allem auf zwei Techniken: Die Erste ist eine Analogie zur Fußballweisheit »Du musst nicht dahin laufen, wo der Ball ist, sondern dahin, wo der Ball sein wird.« Gleichermaßen wird derjenige Fliegenjäger die Fliege erwischen, der nicht dahin klatscht, wo die Fliege sitzt, sondern dorthin, wo sie hinfliegen wird. Da Fliegen nicht rückwärts starten können, befinden sich die aussichtsreichsten Fangkoordinaten fünf bis zehn Zentimeter über und leicht vor der vorangehenden Sitzposition auf Tischoberfläche oder Wand.

Die zweite Technik basiert auf der alten Kung-Fu-Regel »Richte die Kraft deines Gegners gegen ihn selbst!«. Der Fliegenfänger macht sich hierbei die Überlegenheit des Fliegenauges zunutze und verwendet diese gegen das Tier: Da die Fliege gleichzeitig nach rechts und links schauen kann, lässt sie sich irritieren, wenn zwei Handflächen zeitgleich aus verschiedenen Richtungen auf sie zukommen. Das Tier weiß dann nicht, in welche Richtung es fliehen soll, und bleibt wie versteinert sitzen. Der Anwender dieser Fangtechnik richtet seine Hände parallel zur Oberfläche (beispielsweise Wand oder Tisch) rechts- und linksseitig der Fliege aus und achtet darauf, dass die Handflächen nach Möglichkeit gleichmäßig ausgeleuchtet sind (wegen der Wahrnehmung der 200 Lichtimpulse pro Sekunde!). Dann gilt es, die Hände zeitgleich und in derselben Geschwindigkeit dem Tier zu nähern, sodass die Fliege beide Hände als gleichwertige Gefahren wahrnimmt. Diese Angriffstechnik führt zur intellektuellen Überforderung des Brummers und macht ihn zur leichten Beute.

»Mensch, bist du langsam!« Für Fliegen laufen menschliche Bewegungen im Zeitlupentempo ab: Eine sich nähernde Hand wird frühzeitig wahrgenommen und lässt die Brummer davonfliegen, bevor der Schlag zu Ende geführt ist.

FLIEGENWISSEN

Ein Leben wie im Flug

Stubenfliegen haben eine Lebensdauer von bis zu 40 Tagen. Weibchen leben in der Regel etwas länger als männliche Tiere.

Die Fluggeschwindigkeit einer Stubenfliege liegt im normalen Flug bei knapp drei Metern in der Sekunde, was umgerechnet immerhin zehn Kilometer pro Stunde ergibt. Im Normaltempo ist die Fliege mit etwa 200 Flügelschlägen in der Sekunde unterwegs.

Stubenfliegen können genau wie einige Schmetterlinge die Nahrung mit ihren Füßen schmecken.

So ungeliebt Stubenfliegen beim Menschen auch erscheinen: Sie sind ein wichtiges Glied in der Nahrungskette und stellen für viele Spinnen, Frösche und Vögel eine willkommene Mahlzeit dar.

SPANISCHE WEGSCHNECKE

Die nackte Wahrheit: Wo die Schleimer in Wirklichkeit herkommen

Nacktschnecken erfreuen sich im Allgemeinen nicht allzu großer Beliebtheit. Das ist ein bisschen ungerecht, schließlich gibt es unter den Schleimern solche und solche, und einige Arten wie zum Beispiel der Tigerschnegel sind sogar recht nützlich. Zu Recht in Verruf geraten ist die Nacktschnecke *Arion lusitanicus*, die vor allem unter dem Namen »Spanische Wegschnecke« bekannt ist (Der Name leitet sich von »Lusitania« ab, einer ehemals römischen Provinz auf dem Gebiet Westspaniens und Portugals). Die Schnecke richtet in der Landwirtschaft und in deutschen Gärten erhebliche Fraßschäden an und ist mittlerweile die häufigste Schneckenart in Deutschland. Nicht umsonst wird sie von der Weltnaturschutzorganisation IUCN auf der Liste der 100 Tier- und Pflanzenarten geführt, die europaweit den größten negativen Einfluss auf biologische Vielfalt, Wirtschaft und Gesundheit haben. Angefangen hat der Schlamassel in den 1950er-Jahren, als die Spanische Wegschnecke in der Schweiz in bis zu 1700 Metern Höhe auftauchte und von dort aus ihren Siegeszug durch Mitteleuropa startete. Mittlerweile haben sich die Wegschnecken auf ihrer Reise nach Norden bis nach Skandinavien ausgebreitet. In Dänemark heißt die Spanische Wegschnecke offiziell »Killerschnecke«, und der Name lässt erahnen, dass die Dänen den Tieren nicht gerade freundlich gegenüberstehen. Als es im Jahr 2007 in Dänemark zu einer »Schnecken-Invasion« kam, beherrschte das Thema wochenlang die Medien. Die damalige dänische Umweltministerin Connie Hedegaard entwickelte die Idee, alle Bürger gesetzlich zur Schneckenbekämpfung zu verpflichten. Konservative Regierungspolitiker machten sich gar für den Zwangseinsatz von Arbeitslosen im Kampf gegen die Invasion der Wegschnecke stark. Wie konnte es so weit kommen? Hintergrund der sich trotz Kriechtempo rasend schnell verbreitenden Schneckenart ist das Fehlen eines echten Fressfeindes. Die nordeuropäischen Igel bevorzugen knusprige Gehäuseschnecken, und auch Frösche stehen den Wegschnecken eher skeptisch gegenüber, da der Schleim im

Vergleich zu dem von Gehäuseschnecken deutlich bitterer ist. Einzig Indische Laufenten scheinen Geschmack an den Wegschnecken gefunden zu haben. Allein: Auch wenn indische Laufenten von einigen Züchtern und Entenfreunden mittlerweile auch in Deutschland gehalten werden, sind die Tiere wie der Name schon vermuten lässt, hauptsächlich in Indien anzutreffen und können von dort aus nicht viel gegen die Schleimer in deutschen Vorgärten unternehmen.

LÖSUNG FÜR DIE SCHNECKENPLAGE?

Der regelmäßige Verzehr von Wegschnecken soll sich einem alten Hausrezept zufolge positiv auf die menschliche Darmflora auswirken. Auch gastritische Beschwerden sollen sich lindern lassen. Wichtig: Eine Wirkung tritt nur ein, wenn die Schnecken lebendig »eingenommen« werden.

Wenn immer in der Natur ein ernst zu nehmender Fressfeind fehlt und sich eine Tierart auf Kosten anderer Arten schnell verbreitet, liegt der Gedanke von invasiven Einwanderern nahe. Lange Zeit ging auch die Wissenschaft davon aus, dass es sich bei den braunen Nacktschnecken um eine invasive Art aus Spanien handelt, die gerade ihren Feldzug durch deutsche Äcker und Gärten führt. Biologen der Frankfurter Goethe-Universität und des LOEWE Biodiversität und Klima Forschungszentrums gingen der Sache schließlich auf den Grund. Sie sammelten 300 Nacktschnecken an 60 verschiedenen Orten in Spanien, Frankreich, Großbritannien und den Benelux-Ländern um festzustellen, welche Schneckenart wo anzutreffen war. Kurioserweise stellte sich dabei heraus, dass die Spanische Wegschnecke in ihrer angeblichen Heimat Spanien überhaupt nicht vorkam. Weiterhin wurden statt der Spanischen Wegschnecke zahlreiche mit herkömmlichen Methoden nicht bestimmbare, sogenannte kryptische Arten gefunden. Deshalb zog man die Erbinformationen der

Jetzt haben wir den Salat! Sie heißt zwar offiziell »Spanische Wegschnecke«, ist aber hauptsächlich außerhalb Spaniens und leider nicht nur auf Wegen anzutreffen.

Schnecken heran und versuchte, mithilfe von DNA-Tests herauszufinden, mit welchen Schnecken man es zu tun hatte und wie es um die verwandtschaftlichen Beziehungen der Tiere bestellt war.

Im Zuge der Untersuchung wurde schnell klar, dass die Lage ziemlich unklar ist und dass viele der untersuchten Schnecken keiner bekannten genetisch charakterisierten Art zugeordnet werden konnten. Die Tiere wiesen zum Teil stark voneinander abweichende Genvarianten auf! Was man aufgrund der Genuntersuchung jedoch mit Sicherheit sagen konnte, war eine Sensation: In Spanien ist die Spanische Wegschnecke so gut wie gar nicht anzutreffen! Die Einordnung als invasive Art ist damit hinfällig und legt die Vermutung nahe, dass es die Nacktschnecke schon immer in Nordeuropa gege-

Indische Laufenten stören sich weder am bitteren Geschmack noch am taxonomischen Wirrwarr um die Nacktschnecken.

ben hat. Wahrscheinlich ist, dass sich die Schneckenart in den vergangenen Jahrzehnten einfach aufgrund veränderter landwirtschaftlicher Anbaumethoden so stark vermehrt hat, dass ihr massenhaftes Auftreten wie eine Invasion erscheint. Neben der Frage, warum sich *Arion lusitanicus* in den letzten Jahren so rasant verbreiten konnte, ist zurzeit offen, wie es mit der Namensgebung weitergeht und ob sich der weitverbreitete Trivialname »Spanische Wegschnecke« halten wird. In der Wissenschaft wird seit einigen Jahren anstelle von *Arion lusitanicus* zunehmend der Name *Arion vulgaris* verwendet, wobei sich einige Biologen aufgrund der insgesamt verworrenen genetischen Situation hierzu noch nicht durchringen können.

MEIN HAUS. MEIN GARTEN. MEIN SALAT.

Die Sache mit dem Eigenheim

Werden Gehäuseschnecken schon mit Haus geboren?

Wenn Gehäuseschnecken aus dem Ei schlüpfen, sind sie bereits mit einem winzigen Häuschen ausgestattet. Dieses sogenannte Embryonalgehäuse lässt sich bei ausgewachsenen Schnecken noch als kleine, glatte Spitze des Hauses erkennen. Praktisch: Solange die Schnecke wächst, wächst das Haus mit.

Können Gehäuseschnecken ihr Haus verlassen?

Gehäuseschnecken sind fest mit ihrem Haus verwachsen und können dieses nicht verlassen. Ist ein Schneckenhaus leer, ist die Schnecke weder im Urlaub noch umgezogen, sondern schlicht verstorben.

BLATTLAUS

Einmal Sex im Jahr muss reichen

Für den Laien gleichen sich die Pflanzensaftsauger wie ein Ei dem anderen, und das ist auch kein Wunder, beziehungsweise eigentlich ist es das doch, denn: Die Tiere sind exakt identisch – es handelt sich um Klone! Blattläuse haben sich im Laufe der Zeit einen Kniff angewöhnt, von dem Klonschaf Dolly und seine Schöpfer nur träumen können: Einmal im Jahr Sex mit einem Blattlausmännchen reicht einem Blattlausweibchen vollkommen aus, um ein ganzes Jahr lang Nachkommen zu zeugen. Der Trick dabei: Die Weibchen klonen sich selbst und bringen täglich bis zu zehn Babyläuse zur Welt, die alle exakt dasselbe Erbgut aufweisen und zu 100 Prozent Kopien ihrer Mutter sind. Diese Jungtiere, allesamt Weibchen, bringen ihrerseits bereits nach zwei Wochen weitere weibliche Jungtiere zur Welt, ohne jemals ein Männchen zu Gesicht bekommen zu haben. Diese Form der ungeschlechtlichen Fortpflanzung ermöglicht es den Blattläusen, sich explosionsartig zu vermehren. Um dennoch die genetische Vielfalt zu sichern und anpassungsfähig gegen die neuen Erfindungen aus der Pflanzenschutz-Industrie zu sein, produzieren die Weibchen einmal im Herbst männliche Nachfahren. Auf diese Weise können Erbinformationen neu kombiniert und Resistenzen gegen Insektizide ausgebildet werden. Erstaunlich: Im Unterschied zum Klonen bringen die Weibchen nach der geschlechtlichen Vermehrung im Herbst keine lebenden Blattläuse zur Welt. Sie legen stattdessen Eier, die den Winter überdauern. Im Frühjahr schlüpfen dann die ausschließlich weiblichen Blattläuse, und der Kreislauf beginnt von vorne. Obwohl sich infolge dieses Verhaltens nur ungefähr jede zwanzigste Generation sexuell fortpflanzt, verfügen die kleinen Blattsauger über eine unerwartet hohe genetische Vielfalt. Diese Kombination aus wenig Sex, vielen Nachkommen und hoher Anpassungsfähigkeit machen die Blattlaus zu einem der erfolgreichsten Schädlinge der Welt.

Doch nicht nur Pflanzen werden Opfer der Klon-Armee. So manchem Autofahrer vergeht die Stimmung, wenn er sich im Sommer seinem im Schatten der Bäume geparkten Fahrzeug nähert. Das vor wenigen Stunden noch glänzende Gefährt hat sich innerhalb kürzester Zeit in eine im wahrsten Wortsinn beschissene Kiste verwandelt und ist von einem klebrig-schmierigen Film überzogen. Aufmerksame Autofahrer wissen: In den Sommermonaten sollte man unbedingt darauf achten, unter welchen Bäumen man sein Fahrzeug abstellt. Linden sollte man dabei unbedingt meiden, denn gerade unter diesen Bäumen ist die Schmiererei besonders ausgeprägt. Was nur wenige wissen: Schuld an der Misere haben keineswegs die Linden selbst, sondern es liegt an den Blattläusen: Das, was da auf dem Auto klebt, sind ihre Ausscheidungen. Die Insekten breiten sich im Sommer massenhaft auf den Blättern der Linden aus und saugen sich mit nährstoffreichem Pflanzensaft voll. Da die Tiere jedoch nur die Eiweiße verwerten, scheiden sie die im Saft ebenfalls enthaltenen Zuckerstoffe wieder aus. Hohe Temperaturen und Trockenheit führen dazu, dass die wässrigen Anteile des Sekrets innerhalb kurzer Zeit verdunsten, wodurch eine Art natürlicher Superkleber auf Zuckerbasis entsteht. Dieser legt sich auf Autos, Fahrräder, Parkbänke nieder – schlicht auf alles, was sich unter den Linden befindet.

Doch nicht alle fühlen sich von dem Sekret gestört – im Gegensatz zu uns Menschen stehen einige Tierarten den Ausscheidungen sogar sehr offen gegenüber. Allen voran die Ameisen. Für sie stellen die ausgeschiedenen Zuckerstoffe der Blattläuse eine wertvolle Energiequelle dar, mit der sich der eigene Bedarf an Kohlenhydraten praktisch und einfach decken lässt. Die Ameisen »halten« sich daher Blattläuse wie Nutztiere. Sie beschützen die zwischen drei und sieben Millimeter großen Pflanzensaftsauger vor Fressfeinden wie zum Beispiel Florfliegen oder Marienkäferlarven. Um sicherzustellen, dass ihnen ihre Herde nicht davonfliegt, greifen sie zu rabiaten Methoden und beißen ihnen mitunter einfach die Flügel ab. Sobald eine Blattlaus den klebrigen Kot absondert, eilt eine Ameise heran und saugt ihn auf. Mitunter »melkt« sie die Blattlaus sogar, das heißt, sie nimmt den süßen Saft direkt von ihrem Hinterteil auf. Das ist zum

Tierische Nutztierhaltung: Ameisen halten sich Blattläuse und »melken« ihren süßlichen Zuckersaft.

einen praktisch für die Ameisen, hat aber auch Vorteile für die Läuse: Einige Blattlausarten würden sich ohne die Hilfe der Ameisen mit ihren Ausscheidungen bis zur Bewegungsunfähigkeit selbst verkleben.

Die offizielle Bezeichnung des klebrigen Schleims lautet interessanterweise »Honigtau«. Diese schöne Umschreibung klingt deutlich poetischer als beispielsweise »Blattlauskacke«, läuft am Ende aber auf dasselbe hinaus. Der Name hat seinen Ursprung in der Tatsache, dass neben Ameisen auch Bienen den zuckrigen Honigtau gern anstelle von süßem Blütennektar einsammeln und diesen zu Waldhonig verarbeiten. Wer am Sonntagmorgen seinen geschätzten Bio-Waldhonig auf sein Brötchen schmiert, hat es mit nichts anderem als weiterverarbeiteten Blattlausausscheidungen zu tun! Dem echten Waldhonigliebhaber mag das sommerliche Parken unter Linden daher nichts anhaben – alle anderen sollten ihre Fahrzeuge besser unter »sicheren« Bäumen abstellen. Nicht umsonst war es einst ein Lindenblatt, das auf Siegfrieds Schulter während des Bades im Drachenblut kleben blieb und ihm dadurch die Unverwundbarkeit vermasselte.

Niedlich, diese Ähnlichkeit: Die kleinen Blattläuse kommen ganz nach ihrer Mutter. Und das ohne die geringste Abweichung – schließlich sind es Klone!

BLATTLAUS-WISSEN FÜR AUTOFAHRER

Unter den Linden

Wenn es das eigene Auto erwischt hat, sollte man mit dem Entfernen der Blattlaussekrete nicht zu lange warten.

Für den Lack der Autos ist frischer Honigtau selbst unbedenklich. Dennoch sollte man im Fall der Fälle zeitnah eine Waschanlage aufsuchen. Denn wer zu lange wartet, riskiert, dass sich die schmierige Schicht mit anderen Stoffen wie zum Beispiel Pollen und Staub vermischt, aushärtet und sich dann nicht mehr rückstandslos vom Lack lösen lässt.

Nicht nur unter Linden ist das Parken gefährlich: Auch Kastanien und Ahornbäume werden oft von Blattläusen heimgesucht.

Die Bäume stört die Sache mit den Blattläusen meist weniger als die Autofahrer – ein gesunder Baum kann einen temporären Befall durch die Pflanzensaftsauger gut verkraften.

Wasser hilft: Bei Regenwetter werden viele Blattläuse von den Blättern der befallenen Bäume gespült. Ein weiterer Vorteil: Der Honigtau wird durch das Wasser verdünnt und verliert seine Eigenschaften als Superkleber.

FISCHOTTER

Unter diese Brücke musst du gehen!

Als sich die Evolution vor 38 Millionen Jahren entschied, den Marder ins Wasser zu schicken, entstand ein neues Erfolgsmodell im Bereich der Landraubtiere: der Otter. Diese amphibische Ausbaustufe des landbewohnenden Marders erlangte erstaunliche Fähigkeiten: An Land rennt und schlittert er bis zu 30 Kilometer schnell, im Wasser schwimmt er dank seiner elastischen Schwimmhäute zwischen den Zehen wieselflink umher, taucht bis zu acht Minuten, ohne Luft zu holen, und ist durch einen der dichtesten Pelze im ganzen Tierreich bestens vor Nässe und Kälte geschützt. Stadtbewohner kennen vor allem seinen nächsten Verwandten: den Steinmarder. Dieser nistet sich recht forsch in Dachböden ein und treibt Autobesitzer in den Wahnsinn, weil er ständig an den Kabeln in ihren Gefährten knabbert. Doch im Gegensatz zu seinen randalierenden Verwandten legt der Fischotter viel Wert auf Diskretion. Er ist ein heimlicher Jäger, der kaum Spuren hinterlässt. Um sich wohlzufühlen, braucht ein Fischotter vor allem eines – saubere Bäche und Flüsse. Dank Kläranlagen und entsprechenden Umweltvorschriften gibt es davon immer mehr, und weil ein Fluss nicht an einer Stadtgrenze haltmacht, tut es der Otter mittlerweile auch nicht mehr. Das Einzige, was ihn an einer noch schnelleren Ausbreitung hindert: Er ist wasserscheu – zumindest manchmal. Was zunächst kurios klingt, tritt bereits im Jugendalter zutage. Junge Fischotter hassen das Wasser. Sie müssen von ihren Müttern regelrecht hineingelockt, gezerrt, manchmal geschmissen werden. Kein Wunder, schließlich haben die Jungen die ersten Monate ihres Otterlebens in einer trockenen, warmen und kuschelig ausgepolsterten Höhle verbracht – ein eiskalter Bach erscheint da nicht allzu attraktiv. Erst nach ein bis zwei Wochen habe sie ihren Frieden mit dem kühlen Nass geschlossen, sind dann aber voll in ihrem Element! Im Erwachsenenalter schwimmen, tauchen, jagen und fressen sie in Bächen, Flüssen, Weihern, zwischen Steinen, Sandbänken, im Schilf und Röhricht, in dichten Ufergehölzen, im Süß- und

Salzwasser, in Nord- und Ostsee. Nur eines hasst der Fischotter: Brücken. Wenn er sich schwimmend einer Brücke nähert, wird er wieder zum wasserscheuen Schisser, und das mit manchmal tödlichen Folgen. Statt die wenigen Meter unter einem völlig ungefährlichen Bauwerk durchzuschwimmen, mutiert der Otter zum Fußgänger und versucht, die Brücke auf dem Landweg – meist durch Überqueren einer Straße – zu umgehen. Fast 100 Prozent aller tot aufgefundenen Otter sterben durch den Zusammenstoß mit Autos, und das zumeist an Brücken, unter denen der Otter eigentlich gefahrlos hätte durchschwimmen können.

Was also treibt den Otter auf die Straße? Die Dunkelheit? Platzangst? Die verhallte Geräuschkulisse unter der Brücke? Kurzum: Niemand weiß es so recht, aber man tut fast alles, um dem Otter das Überqueren von Straßen irgendwie auszutreiben. So bieten an der Innenwand einer Brücke montierte »Otterbermen« der wasserscheuen Diva einen Laufsteg, auf dem sie zwar *unter* der Brücke, aber über dem Wasser trockenen Fußes vorankommt. Wenn der Einbau von Bermen technisch nicht möglich ist, versucht man es mit Ottertrittsteinen; wo diese nicht anzubringen sind, baut man Ottertunnel – schmale unter der Straße eingelassene Röhren. Außerdem kommen

TIPPS FÜR OTTER-SPOTTER

Sie möchten mal einen Fischotter sehen? Traurig aber wahr: Die meisten Menschen bekommen Otter nur tot zu Gesicht, und zwar als Opfer des Straßenverkehrs. Der Otter lebt so heimlich, dass Wissenschaftler keine Otter, sondern Otternkot suchen, um die Anzahl der lebenden Exemplare in einem Gebiet zu bestimmen. Tagsüber versteckt er sich meistens am Ufer oder in Baumhöhlen. Wer sich nicht nächtelang auf die Lauer legen will, dem bleibt nur der Zoobesuch.

Fischotter bitte hier entlang! Mithilfe von an der Brückenwand angelegten Trittsteinen – den sogenannten Otterbermen – sollen die Tiere sicher unter der Straße durchgelockt werden.

Otterzäune infrage, die den lebensmüden Fußgänger von der Straße weg und idealerweise zum Ottertunnel hinlocken sollen. Die Geduld des Otters mit den lebensrettenden Zaun-Leitsystemen ist allerdings nicht allzu groß. Manchmal gräbt er sich einfach unter dem Otterzaun hindurch, bevor dieser ihn zum Ottertunnel eskortiert hat. In manchen Fällen buddelt er sich gar unter der ganzen Straße hindurch, nur um nicht ins Wasser zu müssen, wenn man ihn schon nicht über die Straße lässt. Das letzte Aufgebot der Otterschützer: Zum Schutz derjenigen, die es bis zur Straße »schaffen«, sind dann Otterwarnschilder (»Achtung Otterwechsel!«), Otterwellen (Aufpflasterungen, die zum Abbremsen zwingen) und gar elektronische Geschwindigkeitskontrollen an von Ottern hochfrequentierten Querungsstellen angebracht. Doch trotz aller Mühe beschert die Brückenaversion des Otters seinen Beschützern jedes Jahr wieder eine schaurige Statistik. Noch immer sterben mehr Otter durch Verkehrsunfälle als durch alle anderen natürlichen Todesursachen zusammen – eine evolutionär höchst bedenkliche und in Deutschland einmalige »Spitzenleistung« im Tierreich.

FUCHS

Vom Jäger zum Sammler

Füchse gelten seit jeher als intelligente Tiere. Und in der Tat sind die Rotröcke neugierige und lernfähige »Schlaufüchse«, die gerade in jüngster Zeit eindrucksvoll belegen, wie anpassungsfähig sie sind. Während die Füchse in ländlichen Regionen aufgrund intensiver Bejagung eher scheu und vorsichtig daherkommen, entwickeln sich im urbanen Umfeld Stadtfüchse, die auf engstem Raum mit dem Menschen zusammenleben und weit weniger scheu als ihre Artgenossen auf dem Land auftreten. In Kombination mit der ihnen angeborenen Neugierde erobern die Füchse den städtischen Lebensraum und zeigen sich hierbei sogar für praktische Services wie den Personennahverkehr sehr offen. In London hat man bereits Füchse beim U-Bahn-Fahren beobachtet und auch in Berlin kommt es immer wieder vor, dass neugierige Tiere versuchen, zu später Stunde in öffentliche Busse »einzusteigen«. Die Füchse streunern nachts um die Bushaltestellen herum und suchen in Mülleimern und unter Bänken nach Essenresten. Hält ein Bus und öffnet seine Türen, weckt dieses die Neugierde der Tiere. Auch an anderer Stelle zeigt sich, wie anpassungs- und lernfähig die Stadtfüchse in Sachen Straßenverkehr sind. So hat man im Münchner Stadtgebiet Füchse beobachtet, die bei Rot an der Ampel stehen blieben und erst bei Grün die Straße überquerten. Wissenschaftler der TU München sehen in diesem Verhalten zum einen die hohe Intelligenz der Tiere bestätigt und zum anderen eine wesentliche Begründung dafür, dass die Füchse im urbanen Lebensraum überleben können. Die Tiere haben gelernt, mit den Gefahren des Straßenverkehrs umzugehen und darüber hinaus verstanden, dass ihnen vom Menschen im städtischen Habitat keinerlei Gefahr droht, da die Jagd von Wildtieren in der Stadt grundsätzlich untersagt ist.

Doch die Stadt bietet Füchsen nicht nur den Vorteil, dass sie hier nicht gejagt werden. Neben vielfältigen Versteckmöglichkeiten wie Gärten, Parks, Friedhöfen oder Grünanlagen weiß die Stadt vor allem mit ihrem reichhaltigen Nahrungsangebot zu überzeugen: Neben Mäusen, Vögeln und Ratten sind es insbesondere Mülltonnen und weggeworfene Essensreste des Menschen, die den Fuchs zur Landflucht veranlassen. Als sogenannte Opportunisten sind die Tiere bei ihrer Nahrungswahl sehr flexibel und können sich vor allem für diejenigen Speisen erwärmen, die ihnen am wenigsten Mühe bereiten. Eine gut gefüllte Mülltonne, ein von der nächtlichen Partyfraktion zurückgelassener halber Döner oder auch die heruntergefallene Bulette vom Wochenmarkt bieten den Füchsen paradiesische Zustände. Die in der Stadt lebenden Tiere stellen ihren Speiseplan um und entwickeln sich sukzessive vom Jäger (Mäuse, Ratten, Vögel) zum Sammler (Döner, Pizza, Hamburger). Bei Untersuchungen von Losungsproben (Kothaufen) fanden Wissenschaftler der TU München

Schlauer Fuchs: Statt mühsam im Wald zu jagen (und gejagt zu werden), genießen immer mehr Füchse die Vorzüge des bequemen Lebens in der Stadt.

Reste von Einpackpapier, Alufolie sowie Rückstände von Verpackungsmaterialien verschiedener Fastfoodrestaurants.

Wie groß die urbane Anziehungskraft ist, zeigt sich daran, dass mittlerweile nahezu jede Großstadt von den Füchsen erobert wurde, allen voran Berlin, das zu Recht als deutsche Hauptstadt der Wildtiere gilt. Der Fuchsbestand wird hier auf mehrere Tausend Tiere geschätzt. Die Fuchsdichte wird mit bis zu 15 Tieren je Quadratkilometer angenommen, was eine deutlich höhere Zahl ist als in ländlichen Gegenden, wo sich maximal drei Füchse einen Quadratkilometer teilen. Der Hauptgrund für die hohe Populationsdichte in der Großstadt ist das üppige Nahrungsangebot: Je mehr Mülltonnen, Komposthaufen und Pommesbuden vorhanden sind, desto weniger weit muss ein Fuchs laufen, um satt zu werden. Ein Blick nach England, wo die Füchse bereits vor rund 60 Jahren die Vorzüge der Stadt für sich entdeckt haben, zeigt, dass wir in Deutschland noch am Anfang der Entwicklung stehen. Englische Großstädte wie zum Beispiel Bristol kommen heute zum Teil auf mehr als 30 Füchse pro Quadratkilometer!

Posen für den Fotografen: Stadtfüchse haben die Scheu vor dem Menschen weitestgehend abgelegt.

Der Anblick eines Fuchses ist in vielen Städten keine Seltenheit mehr, und Mensch und Tier haben sich gut aneinander gewöhnt. Vie-

VERBREITUNG

Das erfolgreichste Säugetier der Welt

Mit ihrer Kombination aus Anpassungsfähigkeit und Intelligenz gelten Rotfüchse heute als weltweit erfolgreichste Art: Ihr natürliches Verbreitungsgebiet umfasst Asien, Europa, Nordafrika und Nordamerika. Nachdem Füchse in Australien ausgesetzt wurden – unter anderem, um der dortigen Kaninchenplage Herr zu werden –, haben sich die Tiere dort aufgrund ihrer Anpassungsfähigkeit und dem Fehlen von Fressfeinden derart stark ausgebreitet, dass sie nunmehr selbst als Plage gelten und ihrerseits wie die Kaninchen gejagt werden. Ein wichtiger Erfolgsfaktor der Füchse ist die Kombination ihrer Sinnesleistungen. Die Tiere haben sehr gute Augen, die auch bei Nacht noch hervorragend sehen. Darüber hinaus verfügen sie über einen Geruchssinn, der ähnlich ausgeprägt ist wie bei ausgebildeten Spürhunden. Weiterhin kommen sehr gute Ohren hinzu, die Töne bis zu einer Höhe von 65 Kilohertz wahrnehmen können – der Mensch bringt es hierbei gerade mal auf 20 Kilohertz. Neben diesen Sinnesleistungen sind Füchse echte Allroundtalente. So können die Tiere gut klettern und schwimmen, Hindernisse von bis zu zwei Metern Höhe überspringen und beim Laufen Geschwindigkeiten von bis zu 50 Kilometern in der Stunde erreichen.

le Gartenbesitzer freuen sich sogar, wenn sie einen Fuchs bei sich im Garten beobachten können.

Dennoch sollte man die Tiere weder füttern noch streicheln – auch wenn die Stadtfüchse die Scheu vor dem Menschen abgelegt haben und mitunter durchaus zutraulich sind, handelt es sich um wilde Tiere. Als Mülltonnendurchwühler und Aasverwerter gelten Füchse durchaus als Überträger verschiedener Krankheiten. Viele Jahre waren die Tiere insbesondere wegen der Tollwut gefürchtet, wobei die Krankheit in Mitteleuropa heutzutage als ausgerottet gilt – Deutschland wurde im Jahr 2008 offiziell für tollwutfrei erklärt. Wer einen Fuchs als ungebetenen Gast aus seinem Garten vertreiben möchte, braucht in den meisten Fällen nur ein paar Dinge zu beachten. Zum einen sollten alle Nahrungsquellen wie etwa Hunde-, Katzen- oder Vogelfutter entfernt werden. Auch ein ungereinigter Grill oder ein Komposthaufen mit Speiseresten wie zum Beispiel Eierschalen gelten als regelrechte Fuchsmagneten. Darüber hinaus sollte man potenzielle Spielzeuge wie Bälle, Lederschuhe oder auch Gummistiefel wegschließen, um den neugierigen Tieren keinen Spielplatz zu bieten. Auch mit Bewegungsmeldern versehene Außenlampen, die nachts bei Aktivität im Garten angehen, haben sich in der Praxis als Vergrämungsmaßnahme bewährt. Sollte ein Fuchs trotz dieser Maßnahmen bleiben und womöglich eine Familie gründen, ist Geduld zumeist die beste Lösung. In der Regel verlassen die Jungfüchse den Familienverband im Spätsommer, um sich ein eigenes Revier zu suchen.

RUHENDE VÖGEL
Auge auf,
jetzt wird geschlafen

Die meisten Vögel nächtigen in luftiger Höhe im Geäst von Bäumen. Sie suchen sich zum Schlummerstündchen eine Baumhöhle oder einen geschützten Zweig, auf dem es sich gut hocken lässt. Wenn die Vögel Menschen wären, würden sie – kaum, dass sie im Land der Träume angelangt sind – von den Bäumen fallen wie Steine und erst wieder erwachen, nachdem sie unsanft am Boden gelandet sind. Doch egal wie stark ein Sturm oder wie schmal der Zweig auch sein mag: Während des Schlafens kippt kein Vogel von der Stange. Das ist gleichermaßen praktisch wie phänomenal und liegt in der Anatomie der Vogelkralle begründet. Diese ist im entspannten Zustand geschlossen und damit genau andersherum angelegt als die menschliche Hand. Während wir uns anstrengen müssen, um eine Faust zu ballen, muss sich der Vogel anstrengen, um seine Krallen zu öffnen. Wenn sich Amsel, Spatz und Co. zum Nickerchen entspannen, ziehen sich ihre Krallen von allein zusammen. Dank dieses Automatismus kann das Federvieh in aller Ruhe vor sich hindösen, ohne dabei Gefahr zu laufen, vom Ast zu fallen. Ganz ungefährlich ist das Schlafen für die Vögel dennoch nicht. Um sich vor Katzen, Mardern und anderen kletternden Feinden zu schützen, haben sich viele Vogelarten für das Schlummerstündchen eine besondere Spezialität angeeignet: den sogenannten Halbhirnschlaf. Hierbei ruht jeweils nur die eine Gehirnhälfte, während die andere hellwach ist und dem Vogel hilft, Gefahren rechtzeitig zu bemerken. Einige Arten haben beim »Halbhirnschlafen« häufig ein Auge geöffnet, mit dem sie ihre Umgebung im Blick behalten. Gut beobachten lässt sich dieses Phänomen bei Enten an den Ufern städtischer Gewässer. Die Vögel verbringen ihre Ruhephasen gern in Gruppen im Uferbereich oder auf angrenzenden Wiesen. Dabei haben die außen sitzenden Enten zumeist dasjenige Auge geöffnet, das Gehwegen oder Straßen und damit potenziellen Gefahren zugewandt ist, während das andere zur Gruppe gerichtete Auge geschlossen ist.

Für den Beobachter lässt sich oft nur an der Körperhaltung beziehungsweise am Verhalten erkennen, ob die Ente wach ist oder schläft. Letzteres ist zumeist dann der Fall, wenn die Ente den Kopf nach hinten gedreht hat und den eigenen Rücken als Kopfstütze verwendet.

Amerikanische Biologen der University of Pittsburgh haben mit Hilfe von Hirnstrommessungen untersucht, ob die halbseitigen Nickerchen für die Vögel wirklich Erholung bringen. Hintergrund der Fragestellung war unter anderem das Phänomen des Vogelzuges, bei dem die Tiere mitunter tage- und nächtelang in der Luft verbleiben und auf den erholsamen längeren Nachtschlaf verzichten. Während ihrer Langstreckenflüge legen die Vögel regelmäßige Kurzschlafphasen ein und fliegen hierbei im Halbhirnschlaf weiter. Die Schlafepisoden dauern dabei oftmals nur einige Sekunden oder wenige Minuten. Die Forscher konnten die Frage, ob der Halbhirnschlaf für die Vögel tatsächlich Erholung bringt, mit einem klaren »Ja« beantworten. Die Messungen der Hirnströme ergaben, dass die zu dem geschlossenen Auge gehörende Hirnhälfte auf ein Niveau wie im »Vollschlaf« herunterfährt, während die Hirnhälfte des wachen Auges auf normalem Wachniveau verbleibt. Durch ein Abwechseln der schlafenden Hirnhälften können die Tiere sicherstellen, dass alle Teile des Gehirns ausreichend lange Ruhephasen erhalten. Auf diese Weise gelingt es den Vögeln, während des Zuges mithilfe der kurzzeitigen Powernaps einen Teil des Schlafdefizits wettzumachen.

Insgesamt ist das Schlafverhalten von Vögeln ein bisher nur wenig erforschtes Gebiet. Beim Menschen hingegen liegen viele Studien über Schlafbedürfnis und Schlafverhalten vor. So hat man herausgefunden, dass Frauen durchschnittlich länger schlafen als Männer, dafür aber häufiger über Einschlafprobleme klagen. Wissenschaftler vom Max-Planck-Institut in Seewiesen haben herausgefunden, dass sich bei Vögeln durchaus Parallelen zum Menschen beobachten las-

Hat auch beim Schlummern Radfahrer, Jogger und Hunde stets im Blick: eine schlafende Stockente.

sen. Die Forscher untersuchten über einen Zeitraum von zwei Jahren das Schlafverhalten von Blaumeisen. Sie stellten fest, dass die Meisen im Winter etwa fünf Stunden länger schlafen als im Sommer und dass hierbei analog zum Menschen die Weibchen etwa eine Viertelstunde länger ruhten als die Männchen. Am deutlichsten wurde dieser Unterschied zu Beginn der Brutzeit: Während dieser Phase kamen die Männchen wesentlich früher aus den Federn. Als Hintergrund für dieses Verhalten vermuten die Wissenschaftler, dass die Männchen Präsenz zeigen wollen und mit lautem Gesang versuchen, andere Männchen von ihrem Revier fernzuhalten. Ein weiterer Grund für die unterschiedlich lange Schlafzeit könnte auch darin liegen, dass die Weibchen zu Beginn der Brutzeit eine längere Erholungspause benötigen, da ihr Körper sich bereits auf das kräftezehrende Eierlegen vorbereitet.

CHINESISCHE WOLLHANDKRABBE

Einmal Hamburg-Berlin und zurück

Ein wenig furchteinflößend sehen sie schon aus: Chinesische Wollhandkrabben können es mit ausgestreckten Extremitäten auf eine Größe von bis zu 30 Zentimetern bringen und wissen mit ihren acht Beinen und den zwei großen behaarten Scheren durchaus Eindruck zu schinden. Das gelingt insbesondere dann, wenn man ihnen nichts ahnend beim Unkrautzupfen im Vorgarten oder gar auf offenen Plätzen mitten in der Stadt begegnet. Eigentlich sollte es die Wollhandkrabbe in unseren Gefilden gar nicht geben. Die Krebstiere sind ursprünglich in China beheimatet und wurden vor etwa 100 Jahren nach Europa eingeschleppt. Da sie hier keine natürlichen Fressfeinde haben, konnten sich die Tiere im Laufe der Zeit ausbreiten und sind beispielsweise in Brandenburg seit Langem als »Neubürger« (Neozoon) etabliert. In Deutschland sind Wollhandkrabben vor allem im Norden anzutreffen; ihr Verbreitungsrevier zieht sich entlang der Flüsse Elbe und Havel von Hamburg bis nach Potsdam und Berlin.

Wollhandkrabben gehören wie auch die an Nord- und Ostsee traditionell beheimateten Strandkrabben zu den Kurzschwanzkrebsen oder Krabben, die sich durch einen breiten Kopf-Brust-Bereich und einen kurzen, unter den Körper gezogenen Schwanz auszeichnen. In der wissenschaftlichen Systematik bilden sie eine Teilordnung der Zehnfußkrebse. Wer genau hinschaut, zählt acht Beine, auf jeder Seite vier. Hinzu kommt jedoch das vorderste Beinpaar, das bei den Krabben zu Scheren umgebildet ist. Diese dienen der Nahrungsaufnahme, der Verteidigung gegen Feinde und zum Eindruckschinden bei der Balz. Warum die Wollhandkrabben die namensgebende Wolle an den Scheren tragen, ist bisher nicht endgültig erforscht. Da insbesondere die Männchen mit ihrer Haarpracht zu beeindrucken wissen, vermuten Wissenschaftler balzrituelle Gründe hinter dem Bewuchs. Durch die Wolle muten die Scheren größer an und helfen dabei, sowohl bei den Damen als auch bei konkurrierenden Männchen die eigene Stärke unter Beweis zu stellen. Die vier Laufbeinpaare werden zur Fortbewegung benutzt, wobei alle Krabben traditionell nicht vorwärts, sondern seitwärts laufen. Diese spezielle Gangart ist im Körperbau und in der Anordnung der Beine begründet. Da die Tiere eher breit als lang sind, bleibt zwischen den Beinen nur wenig Platz. Wollte die Krabbe vorwärtslaufen, müsste sie sich in sehr engen »Trippelschritten« bewegen und käme kaum von Fleck. Im Seitwärtsgang hingegen können die Tiere durchaus Tempo aufnehmen, wobei die Beine auf der einen Körperseite gemeinsam eine ziehende Bewegung ausführen, wohingegen die Beine auf der anderen Seite schiebend wirken.

Doch auch wenn die Tiere nicht gerade kuschelig anmuten: Fürchten muss sich niemand vor ihnen. Wollhandkrabben sind nachtaktiv und ernähren sich von Wasserpflanzen, Muscheln, Schne-

Reisende unter sich: Wollhandkrabbe und andere Touristen vor dem Berliner Reichstag.

cken sowie kleinen Fischen. Tagsüber verstecken sie sich zumeist im Uferbereich. Lediglich wenn sie mit Einsetzen der Paarungszeit im Spätsommer zum Ablaichen auf Wanderschaft gehen, verlassen sie ihr Biotop. Da die Tiere für ihre Vermehrung Salzwasser benötigen, wandern sie teilweise Hunderte Kilometer die Flussläufe hinunter. Auf ihrer Reise legen die Krabben bis zu zwölf Kilometer täglich zurück, wobei die Männchen vor den Weibchen das Zielgebiet der tidebeeinflussten oder Brackwasser führenden Flussregionen wie zum Beispiel die Elbmündung erreichen. Sobald die Weibchen eintreffen, findet die Paarung statt, woraufhin die Weibchen bis zu 900 000 Eier ablaichen. Diese tragen sie etwa vier Monate am Körper klebend mit sich herum. Sind die Larven schlupfreif, geben die Weibchen diese im Brackwasser ab und sterben. Auch die Männchen verbleiben nach der Paarung an der Flussmündung und kehren nicht mehr ins Süßwasser zurück. Im Frühjahr beginnt dann die Reise in die entgegengesetzte Richtung: Die Jungtiere beginnen ihre Wanderung flussaufwärts und legen hierbei langsam an Größe zu. Nach etwa eineinhalb Jahren sind sie groß und stark genug, um den Hauptteil der Wanderung anzugehen. Die Tiere sammeln sich im tiefen Wasser, um dann gemeinsam flussaufwärts aufzubrechen. Auf ihrer Reise gegen die Strömung legen die Wollhandkrabben täglich eine Strecke von etwa ein bis drei Kilometer zurück und sind für ihre teils mehrere Hundert Kilometer langen Strecken entsprechend jahrelang auf Wanderschaft. Wenn ihnen dabei Bauwerke wie Schleusen oder Wehre in den Weg kommen, verlassen die Krabben das Wasser und schlagen vorübergehend den Landweg ein. Auf diesen Umwegen kommt es immer wieder zu Begegnungen zwischen Mensch und Krabbe.

Dass die wolligen Wanderer mehrere Stunden außerhalb des Wassers überleben können, haben sie einer ausgeklügelten Atmung zu verdanken. Wollhandkrabben sind wie alle Krabben Kiemenatmer, die über die Kiemen den Sauerstoff aus dem Wasser aufnehmen. An

Unter Wasser wirken die behaarten Scheren noch imposanter.

Land stellen sie auf die sogenannte Berieselungsatmung um, die es ihnen ermöglicht, die Kiemen an Land mit Sauerstoff zu versorgen. Hierfür wird in der Kiemenhöhle eine Wasserreserve vorgehalten. Wenn sich die Krabbe an Land befindet, wird das Wasser aus diesem Speicher durch Rinnen an der Bauchseite gepumpt, wobei es sich mit frischem Sauerstoff aus der Luft anreichert. Danach wird das Wasser wieder in die Kiemenhöhle zurückgeleitet, wo die Krabben über die Kiemen den Sauerstoff aufnehmen. Doch nicht nur in Sachen Atmung sind die Tiere sehr flexibel. Als sogenannte Osmoseregulierer können sie große Schwankungen des Salzgehalts tolerieren und sich in der Folge sowohl im Süß- wie auch im Salzwasser aufhalten.

Wenig beeindruckt von diesen Anpassungsfähigkeiten zeigt sich die Berufsfischerei. Die eingewanderten Krabben richten mit ihren scharfen Scheren große Schäden an Netzen und Reusen an und machen sich nebenbei auch am Fang selbst zu schaffen. Und selbst wenn viele Fischer mittlerweile ihre Fangeräte auf stabilere Materialien umgestellt haben, sind ihnen die Wollhandkrabben alles andere als willkommen. Einige Fischer haben aus der Not eine Tugend gemacht und die invasiven Reusenknacker als Einnahme-

KOSMOPOLITEN

Krebse, Krabben und Garnelen

Nicht nur in Deutschland sind neue Krabbenarten auf dem Vormarsch. Die Tiere können sich dank ihrer Anpassungsfähigkeit und durch das Fehlen von Fressfeinden ungestört ausbreiten.

Die chinesische Wollhandkrabbe ist in die »Liste der unerwünschten Spezies« für die Europäische Union aufgenommen worden. Deutschland ist in diesem Zuge zur Zurückdrängung der invasiven Art verpflichtet. Städte wie Berlin und Hamburg haben Management- und Maßnahmenblätter entwickelt, mit denen die Verbreitung der Tiere eingeschränkt werden soll.

Wollhandkrabben werfen während des Wachstums regelmäßig ihren nicht mitwachsenden Panzer ab. Es dauert einige Stunden, bis sich ein neuer Panzer gebildet hat. Während dieser Zeit sind die Tiere ungeschützt und werden von Barschen, Aalen sowie Graureihern gefressen.

Der Name »Krabbe« stammt aus dem Niederdeutschen und geht auf die »krabbelnde« Fortbewegungsart der Tiere zurück.

In Norddeutschland werden Garnelen im Volksmund oft Krabben genannt. Wer auf Sylt ein frisches Krabbenbrötchen angeboten bekommt, muss keine Sorge haben: Er bekommt keine Wollhandkrabbe, sondern Nordseegarnelen serviert.

Nicht nur die chinesischen Krabben dringen in neue Regionen vor: Auch die in der Nordsee und im Atlantik beheimatete Strandkrabbe ist ein echter Kosmopolit. So breiten sich die Tiere beispielsweise in Nordamerika mangels natürlicher Feinde massiv aus und werden dort als invasive Art geführt.

quelle für sich entdeckt. Ihre Abnehmer sind asiatische Restaurants, welche die Tiere als Spezialität schätzen.

RINGELNATTER

Simulant aus dem Kompost

Für jeden Gärtner ist der Komposthaufen das Zentrum eines wundervollen Kreislaufs. Organische Abfälle aus Haus und Hof landen hier, verrotten und werden mit der Zeit zu wertvollem Humus. Dieser befeuert das Wachstum von Obst und Gemüse im Garten, deren Ernten dann wieder zurück in Haus und Hof wandern. Rund zwei Jahre dauert es, bis sich Rasenschnitt und Küchenabfälle in das schwarze Gold des Gärtners verwandelt haben. Während dieser Zeit sollte man den Komposthaufen möglichst sich selbst und seiner Verwesung überlassen.

Zumindest dann, wenn man es sich nicht mit seinen tierischen Bewohnern verscherzen möchte. Diese schätzen es überhaupt nicht, wenn der Kompostbesitzer den muffeligen Haufen durch ständiges Stochern, Wühlen oder Umgraben so regelmäßig durchlüftet wie das Schlafzimmer am Morgen. Neben dem Igel, der gerne seinen Winterschlaf im angewärmten Kompost verbringt, schätzt auch die Ringelnatter die Bio-Müllhalde als Platz für Nest und Nahrungssuche. Das Wichtigste gleich vorweg: Die Ringelnatter ist völlig ungefährlich, ungiftig und beißt selbst dann nicht, wenn man ihr mit dem Finger direkt vor der Nase wedelt – besser gesagt vor ihre Zunge. Wie andere Schlangen auch kann sie mit diesem rein- und raushuschenden Körperteil ihre Umgebung »erriechen«. Durch permanentes Züngeln fängt sie dabei Duftstoffe aus der Luft ein, die blitzschnell zu ihrem »Jacobsonschen Organ« transportiert werden. In diesem Minilabor unter dem Gaumendach werden die Geruchspartikel analysiert und mit anderen Sinneseindrücken kombiniert. Die gespaltene Zunge ist dabei besonders wichtig. Mit den beiden Enden stehen der Schlange zwei unabhängig voneinander arbeitende Messinstrumente zur Verfügung, deren Daten sie jeweils einzeln auswerten kann. Schon kleinste Konzentrationsunterschiede von Geruchsmolekülen zwischen den beiden Messstellen an den Zungenspitzen reichen aus, um zu erkennen, aus welcher Richtung sich eine Geruchsquelle der Schlange nähert. Da dies auch funktioniert, wenn ein Gebüsch oder etwas anderes die Sicht versperrt, kann eine Schlange einen Menschen meist schon riechen, bevor dieser sie überhaupt sehen kann.

Zudem sind Menschen ziemliche Trampeltiere und Ringelnattern ziemliche Schisser. Der kräftige Gang eines Menschen löst Vibrationen aus, die jede Schlange über viele Meter wahrnehmen kann. Die Ringelnatter macht dann das, was zu den Lieblingsbeschäftigungen der meisten Schlangen gehört: Sie flüchtet. Die Chancen auf ein ungezwungenes Aufeinandertreffen von Gartenbesitzer und Schlange stehen deshalb nicht allzu gut. Für alle Nicht-Schlangenfreunde

Ringelnatterregel Nummer eins: Kröten werden niemals von vorne verschluckt, sondern immer zuerst von hinten.

ist das zunächst einmal eine gute Nachricht. Jeder, der keinen Wert auf ein Treffen mit einer Ringelnatter legt, lässt sich allerdings ein spektakuläres Schauspiel entgehen: die Verteidigungsstrategie der eigentlich völlig wehrlosen Natter. Diese besteht aus drei Taktiken: drohen, stinken, sterben. Ist unauffälliges Davonschlängeln für die Schlange keine Option mehr, greift sie zunächst zu Taktik Nummer eins: Sie kringelt sich in einer Verteidigungsposition zusammen, verschiebt bedrohlich ihre Unterkiefer, zischt und versucht, mit Scheinbissen ihr Gegenüber von ihrer Entschlossenheit zu überzeugen. Wenn dieses Gehabe den Feind trotz der (leeren) Drohungen nicht in die Flucht schlägt, greift Taktik Nummer zwei. Einfach ausgedrückt könnte man diese so beschreiben: Die Natter kackt, was das Zeug hält. Wissenschaftlicher würde man sagen, dass sie den Inhalt ihrer Postanaldrüsen durch die Kloake auf sich selbst und ihr Gegenüber entleert. Diese übelriechende Flüssigkeit ist wohl das Schlimmste, was eine Ringelnatter einem Menschen antun kann. Der Gestank ist penetrant, hält über Stunden an und lässt sich nur mühsam wieder abwaschen. Sollte auch diese Taktik nicht zum Erfolg führen, wartet die Natter mit schauspielerischen Fähigkeiten auf. Sie lässt ihren Körper dann komplett erschlaffen, den Kopf nach hinten hängen und die Zunge schlapp aus dem Maul baumeln, als wäre sie ein ohnmächti-

AUFGEBLASENE TYPEN

Normalerweise würde man vermuten, dass eine Natter einen Frosch mit dem Kopf voran verspeist. Da sich einige Frosch- und Krötenarten zu Feindabwehr mit Luft aufpumpen, um größer zu erscheinen, würgen sich Ringelnattern ihre Beute mit dem Hinterteil voran ins aufgerissene Maul. Nur so kann sie die Luft durch den Mund ihrer Beute herauspressen.

Kuriose Abwehrstrategie: Die Natter liegt mit heraushängender Zunge schlapp am Boden und täuscht den eigenen Tod vor.

ger Boxer, dem nach einem K.-o.-Schlag die Gesichtszüge entgleiten. Um dieses Elend zu unterstreichen, presst sie zusätzlich auch noch Blut aus ihrem Maul. Eine derartig arrangierte, nach Verwesung stinkende, blutende Natter macht dann einen durchaus toten Eindruck, der allen Freunden lebender Beute das Interesse rauben soll. Ist der übertölpelte Störenfried außer Sichtweite, erwachen die Lebensgeister recht schnell, und die Natter übt sich in der Flucht. Die Stinkbombentaktik verfängt allerdings bei den meisten ihrer Feinde kaum. Reiher, Krähen oder Greifvögel haben ohnehin nur mäßig gute Geruchsorgane, aber auch sensiblere Schnüffler wie Füchse, Marder oder Wildschweine verspeisen die bis zu einen Meter lange Natter, wo immer sie ihnen vor die Füße kriecht.

Doch zurück zum Komposthaufen. Ringelnattern, die hier ihre Eier ablegen, nutzen die Wärme der vermodernden Garten- und Küchenabfälle als eine Art Brutschrank für ihren Nachwuchs. In freier Natur ist eine derartige Ansammlung organischen Kompostmaterials kaum zu finden. Und selbst wenn, dann hätte ein Wildschwein oder ein Dachs den Haufen schon nach kurzer Zeit zerlegt und nach Essbarem durchsucht. Doch egal ob im Kompost oder in der freien Natur – die nur wenige Zentimeter langen Ringelnatterjungen sind stetiger Gefahr ausgesetzt. Alles, was einen Regenwurm verspeisen kann, vergreift sich auch an den jungen Schlangen. Das können sogar größere Laufkäfer sein, hauptsächlich greifen aber Frösche und Kröten zu. Wer es jedoch schafft, die erste Zeit zu überstehen, kann sich als ausgewachsene Natter an seinen Erzfeinden rächen. Die Ringelnatter verspeist bevorzugt Grasfrösche und Erdkröten und damit die Tiere, die ihre Geschwister auf dem Gewissen haben.

MÄUSEBUSSARD

Vögel, die auf Autos starren

Wer einen Mäusebussard sehen möchte, muss heutzutage keine weiten Wege auf sich nehmen. Der Greifvogel lässt sich immer häufiger auch in städtischer Umgebung beobachten. Man kann die Vögel in Parks, über Friedhöfen oder auf Industriebrachen ausmachen, wo sie in luftiger Höhe ihre Kreise ziehen und dabei das Geschehen am Boden aufmerksam im Blick haben. Zwar breiten sich die Greife im innerstädtischen Bereich immer weiter aus, aber am einfachsten kann man Mäusebussarde heutzutage an ihrem neuen Lieblingsrevier beobachten: der Autobahn. Hier sitzen die Vögel nur wenige Meter neben der Fahrbahn auf Zaunpfählen oder Begrenzungspfosten und beobachten das Geschehen auf der Straße. Die Greifvögel haben sich die Vorteile der bequemen Ansitzjagd zu eigen gemacht und die Autobahn als praktisches Esszimmer für sich entdeckt. Mäusebussarde sind Opportunisten: sie versuchen, ihren Nahrungsbedarf möglichst kräftesparend zu decken. Je weniger Anstrengungen es bedarf, um zur nächsten Mahlzeit zu gelangen, desto besser. Die vorbeirasenden Autos überfahren regelmäßig Mäuse, Frösche, Kleinvögel, aber auch Igel, Marder oder Hasen bei deren Versuchen, die Fahrbahn zu überqueren. Die Mäusebussarde müssen nur abwarten, bis es das nächste Opfer erwischt, und sich dann das tote Tier von der Fahrbahn holen. Dieses Jagdverhalten ist sehr kräftesparend und hilft den Vögeln, mit ihren Energiereserven hauszuhalten. Doch nicht nur die Fahrbahn selbst, auch der angrenzende Grünstreifen ist bei den Vögeln sehr beliebt: Im Winter sorgen Salz und der Wärmerückstau der Autos dafür, dass hier der Schnee schneller schmilzt, und legen in diesem Zuge die Gangsysteme von Wühlmäusen frei, die ein beliebtes Beutetier der Bussarde sind.

Doch wo viel Licht ist, ist auch Schatten. Obwohl das Leben als Autobahnvogel zahlreiche praktische Vorteile mit sich bringt, ist es gleichzeitig nicht ganz ungefährlich: Nicht selten werden die Greifvögel beim Aufnehmen der überfahrenen Tiere selbst Opfer der Autos und damit zum Mittagstisch für den Kollegen, der vielleicht nur wenige Meter entfernt von seinem Zaunpfahl aus das Geschehen beobachtet hat. Auch andere Greifvögel haben die viel befahrenen Straßen als »Jagdrevier« für sich entdeckt: Neben Mäusebussarden lassen sich hier auch Falken, Eulen und Milane auf den Pfählen nieder, um von dem Geschehen auf der Straße zu profitieren.

Doch nicht nur an der Autobahn zeigt sich, wie gut sich der Mäusebussard mit den Folgen der Zivilisation anzufreunden weiß. Die Vögel haben sich in den vergangenen Jahrzehnten immer weiter in die Städte vorgewagt und nutzen diese mittlerweile auch als Brutstandorte. In Hamburg ist der Mäusebussard heute der mit Abstand häufigste Greifvogel und brütet hier auch neben viel befahrenen Straßen im Hafenbereich. Bevorzugt nisten die Vögel in kleineren Waldgebieten, doch auch in eng bebauten Vierteln mit weniger dichtem Baumbestand wissen sich die Bussarde zu helfen und brüten in alten Einzelbäumen. Bussard-Paare sind treue Gesellen: Sie bleiben meist ein Leben lang zusammen und brüten jedes Jahr im selben Baum. Das Nest wird hierbei regelmäßig renoviert und ausgebaut, wodurch über die Jahre sehr große Horste entstehen. Wenn die Jungvögel geschlüpft sind, werden diese zunächst etwa sechs Wochen lang im Nest großgezogen. Bussarde zeichnen sich als sehr sorgsame El-

DER BUSSARD MACHT MIAU

Mitte März beginnt die Balzzeit der Mäusebussarde. Schon von Weitem kann man die durchdringenden »Hiää«-Rufe hören, mit denen die Vögel während des Fluges miteinander kommunizieren. Der Klang erinnert an das Miauen von Katzen und begründet den altertümlichen Namen des Bussards: »Katzenadler«. Das Wort »Bussard« leitet sich vom mittelhochdeutschen »Buse« ab, was so viel wie Katze bedeutet und aus dem Katzenlockruf »Buss buss buss« entstanden ist.

tern aus, die sich lange um den Nachwuchs kümmern. Selbst wenn die Jungvögel bereits fliegen können, werden sie weiterhin von den Eltern versorgt und etwa zehn Wochen für das Leben als Bussard angelernt. In der Folge haben die Jungvögel eine überdurchschnittlich hohe Überlebensrate.

Streetfood: Der Mäusebussard hat die Straße als Mittagstisch für sich entdeckt.

Im Allgemeinen sind Mäusebussarde hinsichtlich ihrer Nahrung wenig wählerisch, doch gehören Mäuse – wie der Name schon nahelegt – zu ihrer Leibspeise. Bussard und Maus sind hierbei in einem klassischen Räuber-Beute-Schema miteinander verknüpft, das in den 1920er-Jahren von dem Chemiker Alfred Lotka und dem Mathematiker Vito Volterra erforscht wurde. Ihre Erkenntnisse hielten als Lotka-Volterrasche-Regeln Einzug in die Lehrbücher der Biologie. Die erste Regel widmet sich der Periodizität und lautet: Die Populationsgrößen von Räubern und Beute schwanken bei konstanten Bedingungen periodisch. Hierbei folgt der Höchstwert der Räuberpopulation auf den Höchstwert der Beutepopulation. Übersetzt auf den Mäusebussard und die Maus bedeutet dieses: Je mehr Mäuse es gibt, desto besser für die Bussarde, die sich daraufhin gesund entwickeln und schnell vermehren. In der Folge gibt es dann mehr Räuber, welche viele Mäuse fressen, woraufhin die Mäusepopulation zurückgeht. In der klassischen Variante würde in Folge der reduzierten Mäusepopulation als Nächstes die Anzahl der Bussarde in Folge eines verminderten Nahrungsangebotes zurückgehen, woraufhin sich die Mäusebestände dann wieder erholen würden. Für den modernen Bussard stellen Jahre mit weniger Mäusen jedoch kein Problem dar, denn da wäre ja noch die Autobahn mit ihrem reich gedeckten Mittagstisch.

FELDHAMSTER
Überleben im
Totenreich

Auch in Wien endet das Leben eines Weltstars im Regelfall auf dem Friedhof. Der Wiener Zentralfriedhof beherbergt insbesondere musikalische Prominenz: Ludwig van Beethoven, Johannes Brahms, Udo Jürgens, Franz Schubert oder Falco sind die Ziele Tausender Gräbertouristen. Für Zoologen gibt es auf dem Friedhof einen ganz anderen und vor allem quicklebendigen Star: den Feldhamster. Warum der vom Aussterben bedrohte Nager ausgerechnet in Wien seine Auferstehung als Stadttier feiert, kann niemand mit Gewissheit sagen. Eine Vermutung ist, dass die sich immer weiter in die Landschaft fressende Bebauung einige der am Stadtrand vorkommenden Hamster schlichtweg eingeschlossen hat und die Tiere sich mit dem arrangieren mussten, was in der Millionenstadt an Lebensraum noch übrig war. Das gelang den Nagern außerordentlich erfolgreich. Vor allem auf Friedhöfen, in Parks, aber auch auf kleinen Grünanlagen geht das eigentlich nachtaktive Tier nun auch tagsüber auf Streife. Natürliche Feinde haben die Feldhamster in Wien kaum. Füchse und gelegentliche Greifvogelangriffe dürften die größte Gefahr sein, selbst den Straßenverkehr haben die Hamster als Bedrohung erkannt und wissen mittlerweile, ihn zu meistern. Wie anders wäre es zu erklären, dass man inmitten eines Kreisverkehres einmal fast 50 der seltenen Tiere fand, die es regelmäßig über die vielbefahrene Straße schafften?

In der freien Natur ist der Feldhamster hingegen ein geschätztes Beutetier. Die Gefahr lauert überall – zu Lande, zu Wasser und in der Luft: Marder, Füchse, Wölfe, Uhus, Milane, Kreuzottern, Bussarde, Katzen, Wiesel, Falken, Wildschweine oder Hunde haben es auf den bis zu 900 Gramm schweren Leckerbissen abgesehen, deshalb muss der Feldhamster bei Gefahr tief in die Trickkiste greifen und sich dabei verschiedener Strategien bedienen:

1. Wegrennen: Ein klassischer Hamsterbau ist über sogenannte Falllöcher zu erreichen. Dies sind fast senkrecht abfallende Gänge. Ist ein Hamster bei Gefahr nahe genug an einem dieser Notaus- beziehungsweise -eingänge, rennt er auf diesen zu und lässt sich einfach in das Loch plumpsen.
2. Drohen: Ist Wegrennen keine Option mehr (die kurzen Beine und ein etwas plumper Körperbau machen das Tier nicht gerade zum Sprintweltmeister), stellt sich der Feldhamster auf seine Hinterbeine, bläst die Backen auf, präsentiert die beweglichen Schneidezähne und untermauert seine Abwehrhaltung mit absonderlichen Zisch- und Knurrlauten. Nicht selten hüpft er seinem Feind auch noch aufrecht und furchtlos entgegen. Jedem, der einen derartig zornigen Feldhamster auf sich zu hüpfen sieht, sei geraten, ihm jetzt weder Finger noch Hand entgegenzustrecken – blutige Bisswunden können die Folge sein.
3. Täuschen: Wenn weder Wegrennen noch Drohen hilft, greift der Hamster zum letzten Mittel, wirft sich auf den Rücken und hält seine weißen Pfoten so vor seine schwarze Bauchseite, dass leichtgläubigen Fressfeinden ein aufgerissenes schwarzes Maul mit weißen Fangzähnen vorgegaukelt wird.

Auch in Sachen Fortpflanzung tut der Hamster, was er kann. Er gehört zu den sogenannten r-Strategen (Arten mit einer hohen Anzahl an Nachkommen), das heißt, das Feldhamsterweibchen bekommt bis zu dreimal im Jahr Junge und kann es damit auf insgesamt bis zu 30 Nachkommen pro Jahr bringen. Doch die immer zeitiger liegenden Ernten der modernen Landwirtschaft sind ein Übel für den Hamster. Nicht selten steht im Juli der zweite Wurf einer Hamsterfamilie auf leergeräumten Getreidefeldern ohne Nahrung und Deckung da. Ein Übriges tun die hocheffizienten Erntemaschinen, die mit GPS-gesteuerter Präzision dem Feld auch noch das letzte Getreidekorn entreißen – die Lieblingsnahrung des Hamsters. Für die Wiener Hamster war die Umstellung auf städtische Kost offenbar kein besonderes Problem. Auf Friedhöfen und Parks gab es weder Getreide noch Samen von ausgereiftem Gras, da die Flächen regelmäßig kurzgehalten werden. Stattdessen stopft sich der Hamster die Backen mit Baumsamen, Beeren, Gras oder Klee voll – auf dem Zentralfriedhof werden auch Gestecke und Blumensträuße gern einmal angeknabbert.

Ein Junghamster mit Getreidevorrat. Nicht selten lagern bis zu zehn Kilo Getreide in den unterirdischen Bauten der Nager.

In der Hamstergeschichte sind die Wiener Stadthamster bereits der zweite Fall einer Kulturfolge. Ursprünglich tummelte sich der Nager in den osteuropäischen Steppen, wurde dann aber zum menschlichen Begleiter. Immer wenn der Mensch neue Regionen für die Landwirtschaft nutzbar machte, war der Feldhamster mit dabei. Je mehr die Landwirtschaft abwarf, desto mehr Hamster gab es, allerdings wurde er als Nahrungskonkurrent gnadenlos vom Menschen gejagt. Nur bei Nahrungsknappheit schätzte die Landbevölkerung vergangener Jahrhunderte die Anwesenheit des Getreidediebes, denn sie wusste, dass man in Vorratskammern der Hamster bis zu zwei Kilogramm Getreide einsammeln konnte. Es gab sogar Funde von 30 Kilogramm Nahrungsvorrat, in deren Folge das Wort »hamstern« entstand.

Der Niedergang des Feldhamsters begann Mitte des 20. Jahrhunderts. Seinerzeit waren die Felle der Tiere ein beliebtes Handelsgut. Allein in der damaligen DDR wurden in manchen Jahren mehr als zwei Millionen verarbeitet. In den Achtzigerjahren war es dann aber so weit: Die europäischen Hamsterbestände brachen auf breiter Front dramatisch ein. Auch wenn die modernen Agrarsteppen eine gehörige Mitschuld am Rückgang der Hamster haben – letztlich bleibt das stetig fortschreitende Aussterben ein zoologisches Rätsel. Heutzutage genießt der Hamster den höchstmöglichen Schutzstatus – allein die Sichtung eines einzelnen Exemplars kann ganze Bauprojekte in Verzug und Politiker und Investoren in den Wahnsinn treiben. Auch langfristig durchgehaltene Schutzprojekte zeigen häufig keine Wirkung, und neuerdings muss der Hamster auch noch mit den Folgen des Klimawandels kämpfen. Milde Winter verhindern, dass die Erde der Hamsterbauten gefriert, weshalb sie ihren Winterschlaf in durchnässten Höhlen verbringen müssen, in denen ihre Nahrungsvorräte durch die Feuchtigkeit verschimmeln. Und es kommt noch schlimmer: Die zunehmende Lichtverschmutzung bringt den Hamster möglicherweise aus dem Takt. Normalerweise schaltet der Nager im Herbst auf Wintermodus um. Dann steigt die Konzentration von Schlafhormonen, die Körpertemperatur sinkt auf rund 20 Grad, und das Hamsterherz schlägt so langsam, dass die Tiere den Winter als eine sechsmonatige Nahtoderfahrung mit eingestreuten Fresspausen erleben. Das Problem: Einmal im Jahr muss die innere Uhr neu gestellt werden. Dafür nutzt der Hamster die Zeit der Sommersonnenwende. Sobald es am Abend wieder früher dunkel wird, beginnt der Countdown zum Winterschlaf. Straßenbeleuchtungen, so das Ergebnis einer wissenschaftlichen Studie, führen dazu, dass der Hamster aus dem Biorhythmus gerät und in der Folge den richtigen Zeitpunkt für den Beginn des Winterschlafs verpasst.

STAR

Vogel mit Starqualitäten

Jedes Jahr muss eine Fernsehnation das gleiche Drama ertragen: DSDS – oder *Deutschland sucht den Superstar*. Überwiegend durchschnittlich begabte Kandidaten singen dann Songs von überdurchschnittlich begabten Künstlern, weshalb sich die Kandidaten dann entweder überdurchschnittlich zum Affen oder zum Superstar machen. Ähnlich verhält es sich mit dem europäischen Star. Auch er ist von Haus aus kein besonders talentierter Sänger, und seine Stimme zeugt nicht von besonderem Wohlklang. Der Standard-Starengesang knirscht und quietscht eher so vor sich hin, enthält keine überraschenden Highlights, geschweige denn eine ausgefuchste Melodieführung. Wäre da nicht sein Talent zum Nachsingen anderer Vogelstimmen, das ihn zum Super-Star und gleichzeitig unverwechselbaren Solokünstler macht. Durch die Vielzahl der Imitationen klingt kein Star wie der andere, jeder mixt etwas anderes in sein Repertoire, eben gerade das, was ihm vor die Ohren kommt. Den interessierten Vogelfreund kann das zur Verzweiflung bringen. Wo bitte sitzt denn hier ein Mäusebussard im Knick? Der seltene Pirol flötet nicht im Wald, sondern von einem Hausdach? Und warum kommt Froschquaken aus dem Wipfel der Tanne?

Seitdem der Star die Stadt für sich entdeckt hat, ist die Sache noch kurioser geworden. Dem Singvogel steht ein völlig neues Geräuschangebot zur Verfügung, da er sein Vogelleben ganz nah am Sound der Großstadt verbringt: In der Häuserlandschaft findet er eine Vielzahl von Brutmöglichkeiten, unter Dächern, in Nistkästen oder Fassadenlücken baut er seine Nester, auf kurzgeschorenen Rasenflächen hüpft und pickt er Würmern hinterher. Und seitdem sich der *Homo sapiens* nicht nur den aufrechten Gang, sondern auch das »Essen-to-go« antrainiert hat, findet der Star zwischen Bäckereien und Dönerbuden ausreichend Nahrungsreste. Revierverhalten ist ihm zudem völlig fremd. Unter dem Motto »Platz ist in der kleinsten Hütte« tummeln sich oft mehrere Stare unter einem Dach. Wo es Hohlräume unter einer verrutschen Dachpfanne oder Löcher in der Gebäudedämmung gibt, da quetschen sich dann so viele Starpaare wie möglich hinein. Dabei kommen sie den Geräuschen der Menschen naturgemäß ganz nah: Fernseher, Radios, Handys, Husten, Niesen, Haustiere, Polizeisirenen, Alarmanlagen und der Krach des Autoverkehrs sind willkommene Soundschnipsel, die der Star in seinen Gesang einbaut, weshalb schon einmal WhatsApp-Töne aus der Regenrinne schallen und ein Handy dort bimmelt, wo eigentlich gar kein Handy sein kann. Auch Eichelhäher oder Elstern haben derartige Star-Allüren in Sachen Imitation, doch der amselgroße Vogel ist im Tierreich der ungekrönte Meister seines Fachs; dank dieser Fähigkeit ist er sogar in die Musikgeschichte eingegangen. Drei Jahre lang freute sich Wolfgang Amadeus Mozart über einen Star, den

A star is born! Stare nutzen gerne Hohlräume unter Dächern als Brutplatz und zur Aufzucht ihres Nachwuchses.

er als Haustier hielt. Dieser pfiff regelmäßig das eingängige Thema aus seinem Klavierkonzert Nr. 17 nach. Umstritten ist, ob der Star nur Mozarts Melodie imitierte, oder ob er sie womöglich woanders aufgeschnappt hatte und Mozart sie in seine Komposition einbaute. Sinn und Zweck der Trällerei ist es – wie so oft im Tierreich –, Eindruck beim weiblichen Geschlecht zu schinden. Wer am variantenreichsten singt, gilt den Weibchen als attraktiver Partner. Eine wahre Kakophonie entsteht immer dann, wenn sich die Stadtstare zu Tausenden an ihren Schlafplätzen einfinden. In Berlin können sich auf den Bäumen der Museumsinsel schon einmal 40 000 Stare versammeln, aus deren Kehlen es dann immer klingt, als würden Tausende Styroporstücke gegeneinander reiben und quietschen. Mit ihrer Hinterlassenschaft machen sich die Vögel allerdings nicht immer beliebt, dabei verhalten sie sich doch eigentlich nicht anders als ihre menschlichen Mitbewohner. Auch die treffen sich schließlich in deutschen Großstädten zum abendlichen »Cornern« laut quasselnd an den Straßenecken, nur mit dem Unterschied, dass diese neumodische Verhaltensweise mit einer kioskgestützten Alkoholversorgung

ZWEISTIMMIGER GESANG

Vögel singen anders als wir Menschen. Menschliche Stimmbänder würden bei dem Gesangspensum eines Stares nach kurzer Zeit schlappmachen. Im Unterschied zum Menschen sind Vögel nicht mit Stimmbändern, sondern mit einem Stimmkopf ausgestattet, der unterhalb der Luftröhre sitzt. Der Stimmkopf baut sich aus zwei vibrierenden Membranen auf und ist damit bestens für den Dauergesang ausgelegt. Der Star gehört zu den wenigen Vögeln, die sogar zweistimmig singen können, da er seine Membranen unabhängig voneinander ansteuern kann.

INVASION

Star War

Der europäische Star verursacht in der amerikanischen Landwirtschaft jährlich Schäden von geschätzten 800 Millionen Euro! Schuld an der Misere ist ein Mann, der am 6. März 1890 mit ein paar Vogelkäfigen in den New Yorker Central Park spazierte. Der als leicht exzentrisch geltende Eugene Schiefflings ließ 80 Stare in der Millionenstadt frei. Für die Vögel erwiesen sich die USA als das Land der unbegrenzten Möglichkeiten. Heutzutage flattern 300 Millionen Stare durch das Land, dessen Einwohner sich wünschten, Schiefflings hätte niemals einen Schritt in die USA gewagt. Die eingewanderten Plagegeister machen sich jedes Jahr wieder über Maisfelder und Obstplantagen her. Alle Versuche, sich der Invasoren zu entledigen, scheiterten bisher. Über die Motivation von Schiefflings gibt es zwei Theorien. Die Erste: Der Shakespeare-Fan hatte sich es in den Kopf gesetzt, sämtliche Vogelarten in den USA einzubürgern, die es in die Werke von William Shakespeare geschafft hatten (Der Star hatte einen Auftritt in *Heinrich IV.)* Die Zweite: Er wollte den ebenfalls in den USA eingeschleppten Sperling zurückdrängen, indem er diesem den Star als Konkurrenz vorsetzte. Beide Unternehmen scheiterten. Das erste amerikanische Starenpaar nistete passenderweise in der Dachrinne des American Museum of Natural History, von wo aus sich die Art unaufhaltsam verbreitete: In den Zwanzigerjahren nach Ohio, 1928 erreichten die Stare den Mississippi und anfang der Vierzigerjahre die Pazifikküste. Nichts half gegen die Einwanderer. Juckpulver, Gift, Dynamit oder Propangas-Explosionen zeigten letztlich keine nachhaltige Wirkung. Im Garten des Weißen Hauses hatte man sogar einmal Lautsprecher mit Eulenrufen aufgestellt, die den Staren Angst machen sollten. Auch das zeigte keine Wirkung, außer dass der Star ein weiteres Geräusch hatte, das er auf die Set-List nehmen konnte.

einhergeht. Alkohol ist für den Star jedoch kein Thema. Wie viele andere Singvögel, die sich von – manchmal vergorenen – Beeren ernähren, hat der Star jede Menge Alkoholdehydrogenase intus. Dieses Enzym sorgt für den schnellen Abbau des Alkohols – hätte ein Mensch eine entsprechende Menge dieses Enzyms im Blut, könnte er alle acht Minuten eine Flasche Wein runterkippen, ohne davon betrunken zu werden.

Die Beziehung von Star und Mensch war schon immer etwas zwiespältig. Einmal ist der Vogel der fröhlich zwitschernde Frühlingsbote, auf der anderen Seite der nimmersatte Obstgartenvandale, der in riesigen Schwärmen ganze Kirschernten vernichten kann und in Weinbergen den Menschen um die Grundlage seines Rausches bringt. Auf jeden Fall hat sich das Zugverhalten geändert, und der Star bleibt die letzten Jahre immer länger in Deutschland. Durch die klimagewandelten Winter ersparen sich immer mehr der Vögel den mühsamen Weg in den Süden, der sie normalerweise bis hinunter nach Nordafrika führt. Manche bleiben ganz hier, manche ziehen umher bis Spanien oder Italien. In der italienischen Hauptstadt Rom hat man allerdings so langsam genug vom Star. Die Anzahl wird dort nicht in Tausenden, sondern in Millionen gemessen. In Spitzenzeiten sind es zwei, drei, manchmal vier. Die riesigen Schwärme zeichnen allabendlich bizarre Muster in den Himmel über dem Petersdom, als würden sie von einer göttlichen Macht gesteuert. Das Kunststück, wie Millionen von Staren in rasendem Flug nicht miteinander kollidieren, ist wissenschaftlich noch nicht restlos entschlüsselt. Kurz gesagt könnte man derartige Massenveranstaltungen als tierische La-Ola-Welle mit extrem schnellen Bewegungen und noch schnelleren Reaktionszeiten beschreiben. Was erwiesen ist: Auch in seinen Winterdomizilen lernt ein deutscher Star in Sachen Gesang dazu. So kann er in den Straßen Roms landestypische Handytöne oder andere Geräusche aufschnappen und seinem Repertoire hinzufügen. Ohne menschliches Zutun werden auf diese Weise menschliche Klangkulissen durch tierisches Zugverhalten miteinander vermischt.

WILDSCHWEIN
Die versaute Großstadt

Im Mittelalter wäre der Ausflug eines Wildschweins in eine Stadt der reinste Selbstmord gewesen. Vermutlich hätte ein derart lebensmüdes Tier hinter den Stadttoren nur wenige Minuten überlebt. Irgendeiner der chronisch hungrigen Stadtbewohner hätte das Schwein kurzerhand erschlagen, erschossen oder erstochen. Welch schmackhafte Abwechslung muss damals ein gebratenes Wildschwein im Vergleich zum ewig gleichen Getreidebrei für einen armen Städter gewesen sein! Heutzutage haben sich die Geschmäcker geändert. Beispiel Berlin: In Deutschlands Wildschweinhauptstadt versorgen sich die Bewohner mittlerweile an veganen Food-Trucks und in Dönerparadiesen. Wirklich Hunger leidet niemand mehr, und keiner würde auf die Idee kommen, ein freilaufendes Wildschwein abzuschlachten. Wenn sich eines der Tiere im Berliner Regierungsviertel sehen ließe (was gelegentlich passiert), dann würde es quasi Diplomatenstatus genießen. Allenfalls träfen es die erstaunten Blicke derjenigen, die nicht unbedingt mit einem unserer größten Wildtiere inmitten einer Millionenstadt rechnen. Unsere Hauptstadt ist der größte Schweinestall der Republik, rund 4000 Wildschweine leben dauerhaft in Berlin, womit sie die rund 1000 Hausschweine zahlenmäßig längst überflügelt haben. Ohnehin ist Berlin Deutschlands wildeste Stadt, in der sich Tiere aus unterschiedlichen Gründen immer wohler fühlen. Das Wildschein hat eigentlich keinen besonderen Grund, und die Frage, warum es heutzutage immer häufiger in Städten wie Berlin, München oder Köln lebt, lässt sich recht einfach beantworten: weil man es lässt.

Die gerne strapazierte Geschichte von Tieren, die sich aus den lebensfeindlichen Agrarsteppen quasi als Ultima Ratio einen Lebensraum in der Stadt erkämpfen, zieht beim Wildschein nicht. Die Zahlen sprechen hier eine deutliche Sprache: Um 1900 wurden in Deutschland rund 10 000 Wildschweine erlegt. 100 Jahre später waren es mehr als eine halbe Million. Aktuell sind es bereits über 800 000 Schweine, die jährlich geschossen werden, ohne dass der Bestand eine rückläufige Tendenz zeigen würde. Das Wildschwein hat in den letzten hundert Jahren einen unaufhaltsamen Aufstieg erlebt, und der Mensch hat dabei tatkräftig mitgeholfen. Mit der Intensivierung der Landwirtschaft wurden ganze Landstriche zu quadratkilometergroßen Futterstellen für die Wildschweine. Wo andere Tiere unter artenarmen Äckern und Feldern leiden, zeigt sich das Wildschwein anspruchslos. Vor allem der zunehmende Maisanbau in riesigen Monokulturen sorgt für Nahrung ohne Ende. Hinzu kommt, dass es sich die Jägerschaft nicht nehmen lässt, die Tiere zusätzlich zu füttern – häufig mit der Begründung, die Tiere von den Maisfeldern fernzuhalten. Immer mildere Winter verhindern außerdem eine natürliche Auslese schwacher Tiere, und wenn es doch einmal einen bitterkalten Winter gibt, stehen die Jäger ihren geliebten Opfern mit zusätzlichen Fütterungen treu zur Seite. Kurzum: Das Land konnte irgendwann die explosionsartige Vermehrung der Schweine nicht mehr auffangen, die Stadt hingegen bot keine großen Vorteile, aber noch jede Menge Platz.

In Berlin wurde die Invasion der Schweine Anfang des Jahrtausends von den Medien genüsslich aufgenommen und der Vormarsch minutiös kommentiert. Man schätzte, dass sich in Spitzenzeiten bis zu 10 000 Exemplare in der Stadt aufhielten. Der Höhepunkt der medialen Erregung war erreicht, als zwei Wildschweine im Jahr 2003 in der Nähe des Alexanderplatzes einen Kindergarten besetzten und dort erschossen werden mussten. Man nimmt an, dass die Tiere ihren Weg in die Innenstadt geschützt vor dem Autoverkehr über die S-Bahn-Gleise gefunden haben, genau wie in den Berliner Tiergarten. In dem beliebten Park gehören die Wildschweinrotten mittlerweile zum Stadtbild und stören eigentlich auch nicht weiter. Nur in den Außenbezirken gibt es immer wieder aufgewühlte Gartenbesit-

Wandertag im Schweinsgalopp: Eine Gruppe Berliner Wildschweine zieht durch die Millionenstadt.

zer, weil Wildschweine auf Futtersuche ihren sorgsam gepflegten Rasen umgraben, frisch gesteckte Blumenzwiebeln wegnaschen oder den Inhalt ganzer Komposthaufen in Interessantes und Uninteressantes sortieren. An Straßenrändern finden die Tiere auch in Frostwintern Nahrung, da das Streusalz die Randstreifen großer Ausfallstraßen auftauen lässt. Dabei kommen dem Wildschwein bei seinen Ausflügen durch die Vorstadtidylle nicht nur seine nicht vorhandene Scheu vor dem Menschen, sondern auch seine körperlichen Fähigkeiten zugute, die man bei seiner gedrungenen Statur nicht unbedingt vermuten würde. Eine Durchschnittssau kann ihren Körper mit einem Sprung über mehr als einen Meter hohe Zäune wuchten, diese einfach umschmeißen oder sich unter ihnen durchgraben. Ohnehin ist in Berlin ein Zaun keine Garantie für einen wildschweinfreien Garten. Insbesondere privilegierte Immobilienlagen mit Seeufer sind den Tieren schutzlos ausgeliefert, da Schweine sehr gute Schwimmer sind. In den gewässerreichen Randbezirken nähern sich dann im Schutze der Nacht Wildschweinrotten wie eine Gruppe Kampftaucher den Ufern der Villen an Havel und Wannsee, um in den Gärten das Erdreich auf den Kopf zu stellen.

Für die Berliner und ihre Wildschweine war das Jahr 2009 ein ganz besonderes, vielleicht stellte es sogar den Wendepunkt dar. Es fing damit an, dass ein paar Tiere den Rasen des Trainingsgeländes von Hertha BSC umgruben, nachdem der Verein gerade mal wieder eine verkorkste Saison hingelegt hatte. Die Jagdsaison verlief in Berlin jedoch erfolgreicher. Rund 3000 Tiere fielen der Flinte zum Opfer – ein bisher unerreichter »Spitzenwert«. Der Wildschweinbestand nahm seither bis heute stetig ab. Mittlerweile hat man sich auf eine Abschusszahl von 1500 Tieren pro Jahr eingependelt, und auch die Zahl der lebenden Wildschweine bleibt einigermaßen konstant. Das Zusammenleben von Mensch und Tier verläuft in der Hauptstadt heute weitestgehend unaufgeregt und kommt nur noch dann zur Sprache, wenn sich eine Rotte mal ausnahmsweise arg danebenbenommen hat. Vermutlich würden geruhsamere Städte öfter Alarm schlagen, wenn 3000 Wildschweine durch die umsichtig gepflegten Stadtparks pflügen. In den eher nachlässig bewirtschafteten Grünflächen der chronischen Pleitestadt Berlin fragt man sich stattdessen: War das jetzt ein Wildschwein, oder sieht das hier immer so aus?

ZUM SCHLUSS

Die Evolution war für eine lange Zeit eine recht geruhsame Sache – sie hatte im wahrsten Wortsinn alle Zeit der Welt. Die ersten vier der fünf Milliarden Jahre unserer Erdgeschichte mühte sich die Evolution mit der Schöpfung von ein paar Bakterien, Blaualgen und einfach gebauten Mehrzellern. Die nächsten 500 Millionen Jahre brachten immerhin Fische, Insekten und Krebse hervor, jedoch nichts, was man heute in einem Streichelzoo vorzeigen könnte. Die Geschichte der Säugetiere begann erst vor 150 Millionen Jahren, vom Menschen war damals weit und breit noch keine Spur. Die ersten Urmenschen tauchten vor circa zwei Millionen Jahren auf, legten dann aber ein rasantes Tempo vor. Über verschiedene Zwischenstufen formte sich der moderne Mensch, *Homo sapiens,* vor etwa 300 000 Jahren. In Rekordzeit schaffte er sich den steinzeitlichen Werkzeuggebrauch drauf, vor 10 000 Jahren fertigte er Waffen und Gerätschaften aus Bronze, vor 2000 Jahren schmiedete er Eisenschwerter, in den letzten 50 Jahren erfand er das Internet, die Gentechnik und den Thermomix. Der Mensch platzte in die Evolution wie ein Partygast, der erst kurz vor Ende des Abends an der Tür klingelt und sich dann aber umso amüsierwilliger in den Vordergrund spielt. Eines der Meisterstücke des Menschen: die Errichtung großer Städte. Von Vulkanausbrüchen und Meteoritenschlägen einmal abgesehen, braucht Mutter Natur für eine derart massige Veränderung der Landschaft normalerweise eine halbe Ewigkeit, schließlich ruckeln die Kontinentalplatten nur millimeterweise auf der Erdkruste herum, Gebirge wachsen in Zeitlupentempo, und Flusslandschaften mäanderten sich über Jahrtausende zurecht. Städte hingegen wachsen in Jahrzehnten, mitunter auch nur wenigen Jahren zu riesigen Lebensräumen. Und auch wenn die menschliche Bauwut die Evolution recht plötzlich und erdgeschichtlich betrachtet erst vor einem Augenblick traf, wagen manche Forscher heute eine erstaunliche Prognose: Große Stadtlandschaften beeinflussen die evolutionäre Entwicklung von Arten und können diese sogar beschleunigen.

Um diese Annahme zu verdeutlichen, wollen wir für einen Moment auf die Galapagos-Inseln schauen. Hier entdeckte der Begründer der Evolutionslehre Charles Darwin im 19. Jahrhundert achtzehn Finkenarten, die sich alle recht ähnlich sahen – bis auf ihre Schnäbel. Einige hatten dicke Schnäbel zum Knacken hartschaliger Samen, andere eher filigrane Schnäbel, um in Kakteen nach Insekten zu stochern, wieder andere bohrten mit der scharfen Schnabelspitze Seevögel an und naschten von ihrem Blut. Darwins Vermutung: Alle achtzehn Finken stammen von einem gemeinsamen Vorfahren ab, den es irgendwann einmal – zum Beispiel durch einen Sturm – auf die einsamen Inseln verschlagen haben muss. In der Isolation des Archipels spezialisierten sich die Nachkommen der Urfinken und nahmen jeweils eine bestimmte ökologische Nische ein. Besser gesagt: In einer Auslese über viele Generationen hinweg setzten sich diejenigen Finken durch, deren Schnabelformen in der jeweiligen Umwelt einen Vorteil boten. Wenn sich in einem von der Außenwelt abgeschnittenen Gebiet aus einer Art zahlreiche neue entwickeln, spricht man in der Evolutionstheorie von »adaptiver Radiation durch geographische Isolation«.

Vor diesem Hintergrund stellt sich die spannende Frage: Könnten unsere Städte einmal die neuen Galapagos-Inseln werden? Schließlich bilden sie selbst einen manchmal recht isolierten Lebensraum. Wenn wir zum Beispiel einmal den Berliner Autobahnring betrachten: Er umschließt mit seinen 196 Straßenkilometern die Hauptstadt lückenlos. Trotz Wildtierbrücken und Krötentunneln stellt er ein lebensgefährliches Hindernis dar – und zwar für alle, die sich innerhalb, aber auch außerhalb befinden. Für alle Insassen des Autobahnknasts bedeutet dies, dass man sich vornehmlich untereinander paaren und fortpflanzen wird. Frisches Genmaterial von außen ist Mangelware. Entwickelt ein Tier nun eine vorteilhafte Anpassung an die städtischen Lebensumstände, wird dieses Genmaterial auch nur innerhalb der Stadt weitergegeben und sich langsam in der DNA aller Stadttiere festsetzen. Denken wir zum Beispiel an die Amseln, die im Berliner Großstadtlärm lauter, aber einfallsloser singen als ihre Verwandtschaft auf dem Land. Irgendwann werden sich die Balzrufe vielleicht so weit voneinander unterscheiden, dass eine Stadtamsel gar nicht mehr auf den Gedanken kommt, etwas mit einer Landamsel anzufangen.

Nicht nur die isolierte Lage der Gesamtstadt sorgt für einen gewissen Evolutionsdruck, sondern auch die zahlreichen Insellagen, die sich in ihr finden. Gebäude, Ausfallstraßen oder Bahnstrecken zerschneiden die Lebensräume innerhalb der Stadt. In New York hat man bei Weißfußmäusen bereits Unterschiede im Genmaterial von Populationen ausgemacht, die nur ein paar (unerreichbare) Häuserblocks voneinander getrennt waren. Und in der Tiefe der Londoner U-Bahn lebt *Culex pipiens molestus* – eine Mücke, die sich genetisch von ihrer oberirdischen Verwandtschaft derart unterscheidet, dass man sie als neue Art oder zumindest als neue Unterart bezeichnen kann – vermutlich die Erste, die sich ausschließlich in der Stadt entwickelt hat. Zudem glauben Forscher, dass die Verschmutzung im städtischen Lebensraum zu mehr Mutationen im Erbmaterial der Stadttiere führen wird, was die Herausbildung eigener Arten zusätzlich befeuert. Höhere Temperaturen, mehr Licht und Lärm, neue Nahrungsangebote, neue Gebäude, Straßen oder Tunnel erhöhen den Evolutionsdruck und schaffen gleichzeitig immer neue Möglichkeiten der Spezialisierung.

Städte sind das Viagra der Evolution. Nirgends entstehen Lebensräume so schnell wie in der Stadt, und nirgends gibt es so vielfältige Möglichkeiten für Tiere, sich neue Ressourcen zu erschließen. Wird es irgendwann Arten geben, die nur noch in Städten existieren (können), weil sie sich derart gut an ihre ökologische Nische angepasst haben, dass sie mit einem Leben auf dem Land gar nichts mehr anfangen können? Dass dieses durchaus möglich ist, zeigt ein vergleichender Blick auf die menschlichen Großstädter. Doch egal ob alte oder neue Arten, ob Stadt oder Land: Beim Zusammenleben von Mensch und Tier gilt die alte Erkenntnis von Charles Darwin: »Alles, was gegen die Natur ist, hat auf Dauer keinen Bestand.«

Christian Koch und Axel Krohn

QUELLEN

Steinmarder

Steinmarder knabbern für Forschung und Autoindustrie, *Hamburger Abendblatt*, 04.09.2017, https://www.abendblatt.de/ratgeber/wissen/article211810391/Steinmarder-knabbern-fuer-Forschung-und-Autoindustrie.html

Wenn der Marder am Auto nagt, *Handelsblatt*, 23.03.2019, https://www.handelsblatt.com/auto/ratgeber-service/schutz-vor-marderbissen-wenn-der-marder-am-auto-nagt/13627428.html

Beate Ludwig: *Von Marder und Menschen. Das Buch der Steinmarder*, Tecklenborg Verlag, 1999

Sebastian Viehmann: Was vor Marderschaden im Auto schützt, *Die Zeit*, 04.02.2012, https://www.zeit.de/auto/2010-12/marder-auto-schaden

Mit Kippen gegen Zecken

Monserrat Suárez-Rodríguez, Isabel López-Rull, Constantino Macías Garcia: Incorporation of cigarette butts into nests reduces nest ectoparasite load in urban birds: new ingredients for an old recipe?, *Biology Letters*, The Royal Society, Februar 2013

Dr. Alexander Stahr: Warum sammeln Vögel Zigarettenkippen?, *wissen.de*, https://www.wissen.de/raetsel/warum-sammeln-voegel-zigarettenkippen

Zigaretten gegen Zecken, *Hessische/Niedersächsische Allgemeine*, 02.07.2017, https://www.hna.de/welt/zigaretten-gegen-zecken-voegel-schuetzen-nester-vor-parasiten-zr-8449425.html

Kristin Schneeweiß: Zigaretten schützen Vogelnester vor Parasitenbefall, *spektrum.de*, 05.12.2012, https://www.spektrum.de/news/zigaretten-schuetzen-vogelnester-vor-parasitenbefall/1173081

Dachs

Simone Höhl: Warum der Dachs die Stadt untergräbt, *Stuttgarter Zeitung*, 23.06.2016, https://www.badische-zeitung.de/freiburg/warum-der-dachs-die-stadt-untergraebt--122287462.html

Brücke über A2 gesperrt - Dachs- oder Fuchsbau verursacht Straßenschaden, *Mindener Tageblatt*, 09.01.2019, https://www.mt.de/lokales/porta_westfalica/22345730_Bruecke-ueber-A2-gesperrt-Dachs-oder-Fuchsbau-verursacht-Strassenschaden.html

Johannes Müller: Dachs-Familie sorgt für Knochenfund-Sensation, *Nordkurier*, 05.06.2018, https://www.nordkurier.de/mecklenburgische-schweiz/dachs-familie-sorgt-fuer-knochenfund-sensation-0532230806.html

Dachse erobern die Städte, *Neue Züricher Zeitung*, 12.12.2018, https://www.nzz.ch/wissenschaft/dachse-erobern-die-staedte-ld.1444223

Forscher wollen Rätsel uralten Dachsbaus lüften, *NDR*, 12.09.2018, https://www.ndr.de/nachrichten/mecklenburg-vorpommern/Dachsbau-gewaehrt-Blick-in-die-Vergangenheit,dachsbau100.html

Der Dachs, *Stichting Dassenwerkgroep Brabant*, https://www.dassenwerkgroepbrabant.nl/deutsch/dachse_nahrung.html

Liana Y. Zanette: Fear of the human super predator far exceeds the fear of large carnivores in a model mesocarnivore, *Behavioral Ecology*, Juli 2016

Tom Wagner: Analyse der vom Dachs (*meles meles*) verursachten landwirtschaftlichen Schäden in Luxemburg, *Lycée Technique Agricole*, Februar 2011

Balzverhalten

Rafaela von Bredow: Fallen der Evolution, *Der Spiegel*, 19.06.2006, https://www.spiegel.de/spiegel/print/d-47282173.html

Schwan stalkt Traktor, *Der Spiegel*, 11.04.2011, https://www.spiegel.de/panorama/liebestolles-tier-schwan-stalkt-traktor-a-756271.html

Robert Lücke: Evolution unter Zeitdruck, *Süddeutsche Zeitung*, 28.11.2008, https://www.sueddeutsche.de/wissen/beschleunigte-entwicklung-evolution-unter-zeitdruck-1.834818

Markus Brügge: Der Schwan mit dem Vogel, *Der Spiegel*, 15.04.2004, https://www.spiegel.de/panorama/hamburgs-gefaehrliches-alster-maskottchen-der-schwan-mit-dem-vogel-a-294642.html

Trauerschwan balzt mit Tretboot, *Der Spiegel*, 26.05.2006, https://www.spiegel.de/panorama/geliebte-aus-kunststoff-trauerschwan-balzt-mit-tretboot-a-418271.html

Buntspecht

Spechte an der Hauswand – Fassadenhacker, Landesbund für Vogelschutz in Bayern e.V., https://www.lbv.de/ratgeber/lebensraum-haus/spechte-an-der-fassade/

Wer klopft denn da? Ratgeber zum Artenschutz an Gebäuden und in der Stadt, Landesbund für Vogelschutz in Bayern e.V., 2010

NABU Info: *Spechte*, Naturschutzbund Deutschland e.V., 2006

Spechte Online, *Planet Schule*, https://www.planet-schule.de/spechte-online/content/wissen/lexikon/index.html

Spechte – Trommeln ohne Kopfschmerzen, *Forstcast.net*, https://forstcast.net/specht-kopfschmerzen/1708

Nilgans

Carl-Albrecht von Treuenfels: Wären sie doch in Übersee geblieben, *Frankfurter Rundschau*, 28.07.2015, https://www.faz.net/aktuell/gesellschaft/tiere/nilgaense-waeren-sie-doch-in-uebersee-geblieben-13722515-p4.html?printPagedArticle=true#pageIndex_3

Jagd auf Nilgänse soll wieder eröffnet werden, *Hessenschau.de*, 06.07.2018, https://www.hessenschau.de/panorama/jagd-auf-nilgaense-soll-wieder-eroeffnet-werden,nilgaense-abschuss-brentanobad-100.html

Friederike Haupt: Minder anziehend ist ihr Wesen, *Frankfurter Allgemeine*, 18.04.2018, https://www.faz.net/aktuell/gesellschaft/tiere/frankfurt-bewohner-leiden-immer-mehr-unter-der-nilgans-15542327.html

Heidelberger Wanderfalken: Nilgans-Abwehr im Heiliggeist-Turm, *Rhein-Neckar-Zeitung*, 29.02.2016, https://www.rnz.de/nachrichten/heidelberg_artikel,-Heidelberg-Heidelberger-Wanderfalken-Nilgans-Abwehr-im-Heiliggeist-Turm-_arid,173100.html

Matthias Bartsch: Schüsse im Freibad, *Der Spiegel*, 09.09.2017, https://www.spiegel.de/spiegel/print/d-153041940.html

Thomas Stillbauer: Eine Hecke gegen Nilgänse, *Frankfurter Rundschau*, 15.12.2018, https://www.fr.de/frankfurt/eine-hecke-gegen-nilgaense-10944079.html

Verordnung Nr. 1143/2014 des Europäischen Parlamentes und des Rates vom 22. Oktober 2014, https://eur-lex.europa.eu/legal-content/DE/TXT/PDF/?uri=CELEX:32014R1143&from=EN

Kaninchen

Wie sehen Kaninchen ihre Umgebung?, *Einfachtierisch.de*, http://www.einfachtierisch.de/tierisch/wie-sehen-kaninchen-ihre-umgebung-sehsinn-der-hasentiere-id114110/

Warum bewegen Kaninchen beim Atmen die Nase auf und ab?, *Wissenschaft im Dialog*, 28.03.2008, https://www.wissenschaft-im-dialog.de/projekte/wieso/artikel/beitrag/warum-bewegen-kaninchen-beim-atmen-die-nase-auf-und-ab/

Madlen Ziege: Importance of latrine communication in European rabbits shifts along a rural–to–urban gradient, *BMC Ecology*, Juni 2016

In der Stadt sind Kaninchen gerne Single, *Frankfurter Allgemeine*, 16.02.2015, https://www.faz.net/aktuell/gesellschaft/in-der-stadt-leben-viele-kaninchen-als-singles-13432134.html

Wespe

Vielfalt der heimischen Wespen, Naturschutzbund Deutschland e.V., https://www.nabu.de/tiere-und-pflanzen/insekten-und-spinnen/hautfluegler/wespen-und-hornissen/01956.html

Wespen und Hornissen, Bund für Umwelt und Naturschutz Deutschland, https://www.bund-sh.de/tiere-pflanzen/wespen-hornissen/

Wespen – Kein Grund zur Panik, Naturschutzbund Deutschland e.V., https://mecklenburg-vorpommern.nabu.de/tiere-und-pflanzen/insekten-und-spinnen/bienen-und-co/16046.html

Schwebfliegen, *spektrum.de*, https://www.spektrum.de/lexikon/biologie/schwebfliegen/60180

Zwergfledermaus

Volker Mrasek: LED-Licht verwirrt Fledermäuse, *Deutschlandfunk*, 15.12.2016, https://www.deutschlandfunk.de/stadtbeleuchtung-led-licht-verwirrt-fledermaeuse.676.de.html?dram:article_id=374042

Fledermäuse suchen Zuflucht in Wohnungen und Büros, *Westdeutscher Rundfunk*, 08.09.2016, https://www1.wdr.de/wissen/natur/fledermaus-im-haus-100.html

Projekt »Fledermaus-Forschung und -schutz in Aalen und Umgebung«, https://www.aalen.de/projekt-fledermaus-forschung-und-schutz-in-aalen-und-umgebung.55875.25.htm

Warum macht Blut Vampire satt?, *Spektrum.de*, 19.02.2018, https://www.spektrum.de/news/warum-macht-blut-vampire-satt/1545137

Wasserläufer

Heiko Bellmann, *Kosmos Naturführer: Welches Insekt ist das?*, Kosmos Verlag, 2014

Je-Sung Koh, Eunjin Yang, Gwang-Pil Jung, et al.: Jumping on water: Surface tension–dominated jumping of water striders and robotic insects, *Science Magazin*, Juli 2015

Wasserläufer können nicht schwimmen, *Weser Kurier*, 28.08.2012, https://www.weser-kurier.de/startseite_artikel,-Wasserlaeufer-koennen-nicht-schwimmen-_arid,361032.html

Springende Wasserläufer-Roboter entwickelt, *wissenschaft.de*, 30.07.2015, https://www.wissenschaft.de/technik-digitales/springende-wasserlaeufer-roboter-entwickelt/

Wasserläufer, *spektrum.de*, https://www.spektrum.de/lexikon/biologie/wasserlaeufer/70281

Wanderfalke

Daniel Kothenschulte: Warum sollte Schneewittchen nicht Kinder haben?, *Die Welt*, 20.11.2000, https://www.welt.de/print-welt/article548226/Warum-sollte-Schneewittchen-nicht-Kinder-haben.html

Dr. Klaus Hannemann: *Wieviel g kann ein Mensch aushalten?*, Max-Planck-Institut für Dynamik und Selbstorganisation, https://www.ds.mpg.de/131983/18

Peregrine Falcons in New York City , NYC Enviromental Protection, https://www1.nyc.gov/html/dep/html/news/falcon.shtml

Wanderfalken: 400 Stundenkilometer im Sturzflug, *Thüringische Landeszeitung*, 1206.2016, https://www.tlz.de/kinder/detail/-/specific/Wanderfalken-400-Stundenkilometer-im-Sturzflug-398107209

Wanderfalken in der Stadt, *Brodowski Fotografie*, https://www.brodowski-fotografie.de/beobachtungen/wanderfalken-in-der-stadt.html

Wanderfalken und ihre Angst vor Menschen, AG Wanderfalkenschutz Schleswig-Holstein, http://www.agw-sh.de/über-wanderfalkenschutz/wanderfalken-und-ihre-angst-vor-menschen/

Wolfgang Fischer: *Der Wanderfalke:* Falco peregrinus *und* Falco pelegrinoides, VerlagsKG Wolf, 2004

Siebenschläfer

Bernhard Gelim: Flucht in den seligen Traum, *Deutsches Allgemeines Sonntagsblatt*, 26.06.1998

Der Tag des Nagers, *Geo Saison*, 01.06.1999,

Siebenschläfer beginnen ihren Winterschlaf manchmal schon im Sommer, *Der Standard*, 08.09.2015, https://derstandard.at/2000021876125/Siebenschlaefer-beginnen-ihren-Winterschlaf-manchmal-schon-im-Sommer

Franz Hoelzl, Claudia Bieber, Jessica S. Cornils et al.: How to spend the summer? Free-living dormice (Glis glis) can hibernate for 11 months in non-reproductive years, *Journal of Comparative Physiology B*, Dezember 2015, https://link.springer.com/article/10.1007%2Fs00360-015-0929-1

Jessica S. Cornils, Franz Hoelzl, Birgit Rotter, Claudia Bieber et al.: Edible dormice (Glis glis) avoid areas with a high density of their preferred food plant - the European beech, *Frontiers in Zoology*, April 2017, https://frontiersinzoology.biomedcentral.com/articles/10.1186/s12983-017-0206-0

Franz Hoelzl, Jessica S. Cornils, Steve Smith, Yoshan Moodley et al.: Telomere dynamics in free-living edible dormice (Glis glis): the impact of hibernation and food supply, *Journal of Experimental Biology*, August 2016

Christoph Koopmann: Ein Siebenschläfer legt den Tierpark lahm, *Süddeutsche Zeitung*, 21.09.2016, https://www.sueddeutsche.de/muenchen/hellabrunn-ein-siebenschlaefer-legt-den-tierpark-lahm-1.3172870

Thomas Slotwinski: Siebenschläfer legt Aufzug lahm, Stuttgarter Zeitung, 26.01.2016, https://www.stuttgarter-zeitung.de/inhalt.leonberg-siebenschlaefer-legt-aufzug-lahm.db5a987e-bb45-4eab-a0bb-06d3b946c26d.html

Adelheid Wolf: Der Slowenen traditionelle Lust auf Siebenschläfer-Gulasch, *Der Standard*, 28.10.2016, https://derstandard.at/2000046556990/Der-Slowenen-traditionelle-Lust-auf-Siebenschlaefer-Gulasch

Wieland Schmid: Eine Stadt kapituliert vor Siebenschläfern, *Stuttgarter Zeitung*, 11.08.1999

Maulwurf

Maulwurf, Naturschutzbund Deutschland e.V., https://www.nabu.de/ratgeber/maulwurf.pdf

Jürgen Kleinschnitger: Leben im Dunkeln, *Planet Wissen*, 04.05.2016, https://www.planet-wissen.de/natur/wildtiere/insektenfresser/pwielebenimdunkeln100.html

Der Maulwurf – Steckbrief, *Biologie-Schule.de*, http://www.biologie-schule.de/maulwurf-steckbrief.php

Maulwurf, *natur-lexikon.com*, http://www.natur-lexikon.com/Texte/MZ/001/00065-Maulwurf/MZ00065-Maulwurf.html

Gottesanbeterin

Martin Nyffeler, Michael R. Maxwell, J. V. Remsen: Bird Predation By Praying Mantises: A Global Perspective, *The Wilson Journal of Ornithology*, Juni 2017

Catherine Anne Linn: *Ausbreitung und Etablierung der Europäischen Gottesanbeterin Mantis religiosa in Deutschland unter dem Einfluss des Klima- und Landschaftswandels*, Johannes-Gutenberg-Universität in Mainz, April 2015, https://d-nb.info/1111811229/34

Manfred K. Berg, J. Schwarz, Jürgen E. Mehl: *Die Gottesanbeterin*, Die Neue Brehm-Bücherei, Hohenwarsleben 2011, https://www.neuebrehm.de/uploads/books/436/3-89432-911-4-extract.pdf

Sie warten Stunden auf Beute, *Geo Magazin*, 01.04.2013

Claudia Schülke: Tiger unter den Insekten jagt jetzt bei uns, *Die Welt*, 11.06.2015, https://www.welt.de/wissenschaft/umwelt/article142340071/Tiger-unter-den-Insekten-jagt-jetzt-bei-uns.html

Sandra Dassler: Killerbraut als Klimaflüchtling, *Der Tagesspiegel*, 30.07.2007, https://www.tagesspiegel.de/berlin/exotische-tiere-in-berlin-killerbraut-als-klimafluechtling/1000776.html

Fritz Habekuß: Wenn aus Tieren Zombies werden, *Die Zeit*, 21.03.2014, https://www.zeit.de/2014/12/neuroparasiten

Gewinnerin des Klimawandels, *NABU.de*, 29.11.2016, https://www.nabu.de/news/2016/11/21589.html

Graureiher

Graureiher (Ardea cinerea), Arbeitskreis Vogelschutzwarte Hamburg, https://www.ornithologie-hamburg.de/graureiher

Stuart Keith, John Gooders: *BLV Vogelführer*, BLV Verlagsgesellschaft, 1982

Heinrich Weitz: Der Graureiher, https://www.davvl.de/sites/default/files/2018-07/2002_2_graureiher.pdf

Werner Eikhorst, Irene Mauruschat: Graureiher-Problematik am Flughafen Bremen, https://www.davvl.de/sites/default/files/2018-07/2000_1_graureiher_bre.pdf

Graureiher, Landesamt für Natur, Umwelt und Verbraucherschutz Nordrhein-Westfalen, http://artenschutz.naturschutzinformationen.nrw.de/artenschutz/de/arten/gruppe/voegel/massn_stat/103076

Graureiher, Landesforsten Rheinland-Pfalz, https://www.wald-rlp.de/de/bewahren/voegel/graureiher/

Warum stehen einige Vogelarten häufig auf einem Bein?, *Hamburger Abendblatt*, 28.03.2011, https://www.abendblatt.de/ratgeber/wissen/article107982308/Warum-stehen-einige-Vogelarten-haeufig-auf-einem-Bein.html

Erdkröte

Erdkröte, *Stadtwildtiere*, http://stadtwildtiere.de/tiere/erdkröte

So können Sie Fröschen und Kröten bei ihrer gefährlichen Wanderung helfen, Naturschutzbund Deutschland, https://hamburg.nabu.de/tiere-und-pflanzen/amphibien-und-reptilien/amphibien/05335.html

Bas Bruning, Benjamin L. Phillips, Richard Shine: Turgid female toads give males the slip: a new mechanism of female mate choice in the Anura, *The Royal Society, Biology Letters*, Januar 2010, https://doi.org/10.1098/rsbl.2009.0938

Igel

Der Igel ist ein Städter, Deutsche Wildtierstiftung, https://www.deutschewildtierstiftung.de/aktuelles/der-igel-ist-ein-staedter

Lisa Warnecke: Das Geheimnis der Winterschläfer. Reise in eine verborgene Welt, C.H. Beck Verlag, München 2017

Pearl Abbey-Obaro: Urban Hedgehogs: Immer mehr Igel verschlägt es in die Großstadt, *Wired*, 07.07.2016, https://www.wired.de/collection/science/urban-hedgehogs-immer-mehr-igel-verschlaegt-es-die-grossstadt

Stachelkleid, Pro Igel e.V., http://www.pro-igel.de/biologie/stachelkleid.html

Biber

Übervermehrung der Biber, *Bibermanagement.de*, http://www.bibermanagement.de/Argumentationshilfen_Biber/Ubervermehrung_der_Biber/body_ubervermehrung_der_biber.html

Ulli Kulke: Freie Radikale, *Die Welt*, 24.02.2015

Diemut Klärner: Perfekte Baumeister mit Sinn für Landschaftspflege, *Frankfurter Allgemeine*, 20.10.2017, https://www.faz.net/aktuell/wissen/leben-gene/biber-auf-dem-vormarsch-15249866.html

Taube

Daniel Haag-Wackernagel: Die Taube – eine Erfolgsgeschichte. Vom Liebling der Götter zur Eroberung der Städte, *Biologie in unserer Zeit*, Februar 2001, https://onlinelibrary.wiley.com/doi/abs/10.1002/biuz.201110441

Dirk HR Spennemann, Maggie J Watson: Dietary habits of urban pigeons (Columba livia) and implications of excreta pH, *European Journal of Ecology*, April 2017, https://www.degruyter.com/downloadpdf/j/eje.2017.3.issue-1/eje-2017-0004/eje-2017-0004.pdf

Christoph Drösser: Nicken Tauben mit dem Kopf, um das Gleichgewicht zu halten?, *Die Zeit*, 23.09.2010, https://www.zeit.de/2010/39/Stimmts-Taube

Susanne Donner: Ein Loft für Tauben, *Der Tagespiegel*, 11.11.2014, https://www.tagesspiegel.de/wissen/umstrittene-massnahme-gegen-voegel-in-der-metropole-ein-loft-fuer-tauben/10965602.html

Sebastian Leber: Sie wollen nur turteln, *Der Tagesspiegel*, 27.05.2012, https://www.tagesspiegel.de/berlin/tauben-in-der-stadt-sie-wollen-nur-turteln/6678608.html

Maria Berentzen: Das Geschäft mit der Angst, *Der Spiegel*, 30.08.2017, https://www.spiegel.de/gesundheit/diagnose/tauben-schaedlingsbekaempfer-schueren-angst-vor-voegeln-a-1165237.html

Licht und Lärm

Bart Kemoenbaers, Pernilla Borgström, Peter Loes et al.: Artificial Night Lighting Affects Dawn Song, Extra-Pair Siring Success, and Lay Date in Songbirds, *ScienceDirect*, September 2010, https://www.sciencedirect.com/science/article/pii/S0960982210010183

Brutgeschäft im falschen Licht, Max-Planck-Gesellschaft, 16.09.2010, https://www.mpg.de/599015/pressemitteilung20100915

Nächtliches Kunstlicht lässt Vögel früher singen, Max-Planck-Gesellschaft, 16.03.2015, https://www.mpg.de/9032856/lichtverschmutzung-vogelgesang

Lydia Klöckner: Beleuchtete Städte wecken im Winter Frühlingsgefühle, *Die Zeit*, 13.02.2013, https://www.zeit.de/wissen/umwelt/2013-02/Stadtbeleuchtung-beeinflusst-Amseln-Fortpflanzung

Verkehrslärm verändert Zirpen von Grashüpfern, *Der Spiegel*, 14.11.2012, https://www.spiegel.de/wissenschaft/natur/verkehrslaerm-veraendert-zirpen-von-grashuepfern-a-867037.html

Ulrike Lampe, Tim Schmoll, Alexandra Franzke et al.: Staying tuned: grasshoppers from noisy roadside habitats produce courtship signals with elevated frequency components, *Functional Ecology*, November 2012, https://besjournals.onlinelibrary.wiley.com/doi/10.1111/1365-2435.12000

Warum fliegen Insekten zum Licht?, *NTV*, 29.10.2007, https://www.n-tv.de/wissen/frageantwort/Warum-fliegen-Insekten-zum-Licht-article47377.html

Mauersegler

Sein Leben vergeht im Flug ..., Naturschutzbund Deutschland e.V., https://www.nabu.de/tiere-und-pflanzen/aktionen-und-projekte/vogel-des-jahres/2003-mauersegler/wissen.html

H.Hinzel, R. Fitter, J. Parslow: *Pareys Vogelbuch*, Verlag Paul Parey, 1983

Morphologie und Anatomie, Deutsche Gesellschaft für Mauersegler, https://www.mauersegler.com/morphology/

Mauersegler, *Gebäudebrüter.de*, http://www.gebaeudebrueter.de/gebaeudebrueter1/mauersegler/index.html

Ratte

Michael Simm: Begleiter der Menschheit, *Süddeutsche Zeitung*, 01.04.2004

Evolutionäre Scharmützel im Untergrund, *Taz.de*, 11.01.2013, http://www.taz.de/!525436/

Dr. Christine Resch, Dr. Stefan Resch; Hausratte, *kleinsauger.at*, https://kleinsaeuger.at/rattus-rattus.html

Dr. Christine Resch, Dr. Stefan Resch: Wanderratte, *kleinsauger.at*, https://kleinsaeuger.at/rattus-norvegicus.html

Pia Heinemann: Wie die Ratten in unsere Großstädte kamen, *Die Welt*, 06.11.2016, https://www.welt.de/wissenschaft/article159287326/Wie-die-Ratten-in-unsere-Grossstaedte-kamen.html

Wels

Nina Weber: Fische gehen auf Taubenfang, *Der Spiegel*, 07.12.2012, https://www.spiegel.de/wissenschaft/natur/europaeischer-wels-faengt-tauben-a-871528.html

Stefan Willeke: Die Legende vom Mörderfisch, *Die Zeit*, 27.12.2001

Kleiner Wels darf in Offenbach bleiben, *Hessenschau.de*, 15.08.2018, https://www.hessenschau.de/panorama/kleiner-wels-darf-in-offenbach-bleiben,offenbach-wels-100.html

Eva Casper: Der Wels, der alle Gegner wegbeißt, *Süddeutsche Zeitung*, 15.07.2018, https://www.sueddeutsche.de/panorama/offenbach-der-wels-der-alle-gegner-wegbeisst-1.4057353

Andreas Frey: Hübsch den Moderlieschen hinterher, *Frankfurter Allgemeine Sonntagszeitung*, 07.07.2013

Waschbär

Dr. Frank G. Wörner: *Der Waschbär – Ein Amerikaner erobert Deutschland*, Ebertseifen Lebensräume e.V., Januar 2014

Pia Heinemann: Freispruch für den Waschbären, *Welt am Sonntag*, 26.2017,

Georg Rüschemeyer: Der Mythos vom Nazi-Raccoon, *Frankfurter Allgemeine*, 28.08.2015, https://www.faz.net/aktuell/wissen/natur/wie-der-waschbaer-nach-deutschland-kam-13764015.html

Tina Baier: Maskierter Räuber, *Süddeutsche Zeitung*, 16.01.2019

Holger Dambeck: Görings Günstlinge haben Kassel im Griff, *Der Spiegel*, 17.03.2004, https://www.spiegel.de/wissenschaft/natur/waschbaerenplage-goerings-guenstlinge-haben-kassel-im-griff-a-290862.html

Waschbären, Gesellschaft für Wildökologie und Naturschutz e.V., https://www.gwn.de/projekte/waschbaeren/

Elster

Joachim Müller-Jung: Ein Vogel erkennt sich selbst, *Frankfurter Allgemeine*, 22.08.2008

Dr. Leonhard Kasek: *Problemfall Elster*, NABU Leipzig, https://www.nabu-leipzig.de/fachbeiträge/elster/

Jagd auf Elstern und Krähen, *Schweriner Volkszeitung*, 03.04.2017, https://www.svz.de/regionales/mecklenburg-vorpommern/jagd-auf-elstern-und-kraehen-id16507721.html

H.Prior, B. Pollok, O. Güntürkün: Mirror-Induced Behavior in the Magpie (*Pica pica*): Evidence of Self-Recognition, *PLoS Biology*, August 2008, https://journals.plos.org/plosbiology/article?id=10.1371/journal.pbio.0060202

Nadja Podbrega: Von wegen »diebische« Elster!, *wissenschaft.de*, 16.08.2014, https://www.wissenschaft.de/umwelt-natur/von-wegen-diebische-elster/

Turmfalke

P. Sumasgutner, I. Rubin, A. Gamauf: Collecting blood samples in Eurasian Kestrels (*Falco tinnunculus*) (Aves: *Falconidae*) via blood-sucking bugs (Insecta: *Hemiptera: Reduviidae*) and their use in genetics and leucocyte profiles, *Ann. Naturhist. Mus. Wien*, Januar 2014

Turmfalke, Landesbund für Vogelschutz, https://www.lbv-muenchen.de/unsere-themen/artenschutz-an-gebaeuden/arten/voegel/turmfalke.html

Rüttelnd in der Luft, Naturschutzbund Deutschland, https://www.nabu.de/tiere-und-pflanzen/aktionen-und-projekte/vogel-des-jahres/2007-turmfalke/06082.html

Die Augen, *greifvogel.com*, https://www.greifvogel.com/greifvoegel/auge/index.htm

Stuart Keith, John Gooders: *BLV Vogelführer*, BLV Verlagsgesellschaft, 1982

Eichhörnchen

Eichhörnchen denken so viel an Nüsse, dass ihr Gehirn wächst, *Südwestdeutscher Rundfunk*, 15.11.2018, https://www.swr3.de/aktuell/nachrichten/Eichhoernchen-denken-so-viel-an-Nuesse-dass-ihr-Gehirn-waechst/-/id=47428/did=4909886/1n29zwg/index.html

Spatial Economics, *The Jacobs Lab of Cognitive Biology*, http://jacobs.berkeley.edu/project/spatial-economics/

Das unterschätzte Eichhörnchen, *Bayerischer Rundfunk*, 07.09.2018, https://www.br.de/themen/wissen/eichhoernchen-nagetiere-nager-waelder-gaerten-100.html

Tina Baier: Ordentliche Eichhörnchen, *Süddeutsche Zeitung*, 14.07.2017, https://www.sueddeutsche.de/wissen/zoologie-ordentliche-eichhoernchen-1.3666930

Eichhörnchen, *Planet Wissen*, https://www.planet-wissen.de/natur/tierwelt/tiere_im_wald/pwieeichhoernchen100.html

Austernfischer

Ken Norris, Ian Johnstone: The functional response of oystercatchers (*Haematopus ostralegus*) searching for cockles (*Cerastoderma edule*), *Journal of Animal Ecology*, Januar 2002, https://besjournals.onlinelibrary.wiley.com/doi/epdf/10.1046/j.1365-2656.1998.00196.x

Dominic Couzens: *Tales of Remarkable Birds*, Bloomsbury, 2015

Der Austernfischer – lauter Genosse im Sinkflug, BUND, https://www.bund.net/tiere-pflanzen/tiere/voegel/austernfischer/

Angelika Hillmer: Austernfischer werden zu Feinschmeckern, *Hamburger Abendblatt*, 09.08.2014, https://www.abendblatt.de/ratgeber/wissen/article131043972/Austernfischer-werden-zu-Feinschmeckern.html

Bettina Albrod: Urbane Brüter, *Die Welt*, 27.04.2014, https://www.welt.de/print/wams/hamburg/article127344550/Urbane-Brueter.html

Günther Helm, Uwe Westphal: Wilde Hamburger: Austernfischer, Bekassinen und andere Nachbarn, *Murmann Publishers*, November 2016

Stubenfliege

Tina Baier: Fliegen übertragen Krankheiten in viel größerem Ausmaß als gedacht, *Süddeutsche Zeitung*, 29.11.2017, https://www.sueddeutsche.de/wissen/insekten-keim-am-bein-1.3769526

Sami Skalli: Treuer als Bello oder Fiffi, *Die Zeit*, 16.08.2011, https://www.zeit.de/wissen/2011-07/gemeine-stubenfliege-unterschaetztes-tier

Spanische Wegschnecke

Jana Drews: Freiheit für die Wegschnecke, weg mit dem Salat!, *Die Zeit*, 08.11.2011, https://www.zeit.de/wissen/umwelt/2011-10/unterschaetztes-tier-wegschnecke

Pfenninger, M., Weigand, A., Bálint, M. et al.: Busting an invasion myth: the Lusitanian slug (Arion lusitanicus auct. non Mabille or Arion vulgaris Moquin-Tandon 1855) is native in Central Europe, *Evolutionary Applications*, 2014

Christian Satorius: Invasion im Schneckentempo, *Mittelbayerische*, 11.10.2015, https://www.mittelbayerische.de/panorama/nrsieben-nachrichten/invasion-im-schneckentempo-23471-art1292544.html

Christel und Hans-Martin Scheibner: Kleine Schleimer auf der Kriechspur: Große und Spanische Wegschnecken, *lokalkompass.de*, 12.09.2011, https://www.lokalkompass.de/xanten/c-kultur/kleine-schleimer-auf-der-kriechspur-grosse-und-spanische-wegschnecken_a90597

Die Dänen ziehen in den Schneckenkrieg, *Hamburger Morgenpost*, 09.08.2007, https://www.mopo.de/umwelt-die-daenen-ziehen-in-den-schneckenkrieg-19551260?originalReferrer=

Von wegen spanisch!, *Wissenschaft.de*, https://www.wissenschaft.de/umwelt-natur/von-wegen-spanisch/

Blattlaus

Blattläuse, *Spektrum.de*, https://www.spektrum.de/lexikon/biologie/blattlaeuse/9218

Peter Carstens: Blattläuse: Einmal Sex im Jahr ist genug, *Geo Magazin*, August 2009

Jana Zeh: Was verklebt im Sommer das Auto?, *NTV*, 03.07.2018, www.n-tv.de/wissen/frageantwort/Was-verklebt-im-Sommer-das-Auto-article20504800.html

Aus dem Leben unserer Blattläuse, Naturschutzbund Deutschland, https://www.nabu.de/tiere-und-pflanzen/insekten-und-spinnen/sonstige-insekten/10858.html

Fischotter

Jens Anker: In Brandenburg haben die Otter jetzt einen Laufsteg, *Berliner Morgenpost*, 12.12.2018, https://www.morgenpost.de/brandenburg/article215995627/In-Brandenburg-haben-die-Otter-jetzt-einen-Laufsteg.html

Christian Spindler: Angst vor dem Schwimmen unter Brücken, *op-online*, 04.08.2018, https://www.op-online.de/region/hanau/schutzprogramm-fischotter-main-kinzig-kreis-angst-schwimmen-unter-bruecken-10090134.html

Handlungsleitfaden für den ottergerechten Umbau von Brücken, Deutsche Umwelthilfe e.V., Juli 2015, https://www.duh.de/fileadmin/user_upload/download/Projektinformation/Lebendige_Fluesse/Fischotter/Handlungsleitfaden_Fischotter-Brueckenumbau_Nachdruck2017_Web.pdf

Fischotter, Deutsche Wildtierstiftung, https://www.deutschewildtierstiftung.de/wildtiere/fischotter

Populationsökologische Untersuchung an freilebenden Fischottern mit Hilfe von DNA-Analysen aus Kotproben, Gesellschaft für Wildökologie und Naturschutz e.V., https://www.gwn.de/projekte/fischotter/

Fuchs

Arbeitsgruppe Wildbiologie und Wildtiermanagement: Stadtfüchse, *Technische Universität München*

Sonja Fröhlich: Der Fuchs hat die Großstädte erobert – und kommt gut zurecht, *Hamburger Abendblatt*, 23.01.2018, https://www.abendblatt.de/ratgeber/article213196243/Der-Fuchs-hat-die-Grossstaedte-erobert-und-kommt-gut-zurecht.html

Füchse in Wohngebieten, *Die Welt*, 22.06.2015, https://www.welt.de/wissenschaft/umwelt/article160309961/Fuechse-in-Wohngebieten.html

Dag Frommhold: Stadtfüchse - gefährliche Eindringlinge oder harmlose Nachbarn?, *fuechse.de*, 2012, http://www.fuechse.info/index.php?navTarget=artikel_texte/stadtfuechse.html

König, A.: Fears, attitudes and opinions of suburban residents with regards to their urban foxes. A case study in the community of Grünwald - a suburb of Munich, *European Journal of Wildlife Research*, 2007

Ruhende Vögel

Schlaf, *Wissenschaftsmagazin der Max-Planck-Gesellschaft*, Ausgabe 3/2016

Brigitte Osterath: Nickerchen im Vogelreich: Vögel schlafen anders, *Deutsche Welle*, 26.10.2017, www.dw.com/de/nickerchen-im-vogelreich-vögel-schlafen-anders/a-41109447

Wo schlafen Singvögel?, *Wissenschaft im Dialog*, 29.04.2008, www.wissenschaft-im-dialog.de/projekte/wieso/artikel/beitrag/wo-schlafen-singvoegel/

Corinna Steinmeyer, Jacob C. Mueller, Bart Kempennaers: Individual variation in sleep behaviour in blue tits Cyanistes caeruleus: assortative mating and associations with fitness-related traits, *Journal of Avian Biology*, 2013

Erholsamer Schlaf mit einer Hirnhälfte, *Scienceticker.info*, 05.11.2008, http://www.scienceticker.info/2008/11/05/erholsamer-schlaf-mit-einer-hirnhaelfte/

T.Fuchs, D. Maury, F.R. Moore et al.: Daytime micro-naps in a nocturnal migrant: an EEG analysis, *Biology Letters by The Royal Society*, November 2008

Chinesische Wollhandkrabbe

Kiemen, *Spektrum.de*, https://www.spektrum.de/lexikon/biologie-kompakt/kiemen/6359

Thomas de Padova: Warum läuft die Strandkrabbe seitwärts?, *Der Tagespiegel*, 30.07.2008, https://www.tagesspiegel.de/wissen/aha-warum-laeuft-die-strandkrabbe-seitwaerts/1289780.html

Wollhandkrabben in Brandenburg, *Berliner Zeitung*, 21.05.201, https://www.berliner-zeitung.de/berlin/wollhandkrabben-in-brandenburg-tierische-einwanderer-aus-china-6123368

Ringelnatter

Aus dem Leben der Ringelnatter, Naturschutzbund Deutschland e.V., https://www.nabu.de/tiere-und-pflanzen/amphibien-und-reptilien/reptilien/04985.html

Klaus Kabisch: *Die Ringelnatter*, Neue Brehm Bücherei, Wittenberg 1978

Rainer Günther: *Die Amphibien Deutschlands*, Gustav Fischer Verlag, 2016

Vermehrt Schlangen in Leipziger Gärten gesichtet, *Leipziger Volkszeitung*, 16.07.2018, http://www.lvz.de/Leipzig/Lokales/Vermehrt-Schlangen-in-Leipziger-Gaerten-gesichtet

Tobias Gehre: Schlangen in der City, *Hallo München*, 06.09.2012, https://www.hallo-muenchen.de/muenchen/mitte/ringelnattern-erobern-muenchen-bewohner-reagieren-panisch-schlangen-2488876.html

Mäusebussard

Leslie Brown: *Die Greifvögel*, Paul Parey Verlag, 1979

Sabine Rücker: KW 7 – Der Mäusebussard, *Vaihinger Kreiszeitung*, 11.02.2008, www.vkz.de/serien/phaenomene-der-natur/kw-7-der-maeusebussard/

Mäusebussard, *Arbeitskreis Vogelschutzwarte Hamburg*, https://www.ornithologie-hamburg.de/index.php/avifauna/45-vogelarten/greifvoegel/273-maeusebussard-buteo-buteo

Rudolf Braunburg: Sie fressen nun das Aas, *Die Zeit*, 08.10.1982, https://www.zeit.de/1982/41/sie-fressen-nun-das-aas

Stefan Werding: Greifvögel haben die Autobahn als Mittagstisch entdeckt, *Westfälische Nachrichten*, 19.11.2016, https://www.wn.de/Muensterland/2016/11/2604195-Lebensgefaehrliches-Esszimmer-Greifvoegel-haben-die-Autobahn-als-Mittagstisch-entdeckt

Feldhamster

Kurt de Swaaf: Vom Feldhamster zum Stadthamster, *Neue Züricher Zeitung*, 25.12.2012, https://www.nzz.ch/wissen/wissenschaft/vom-feldhamster-zum-stadthamster-1.17907963

Pamela Dorhöfer: Stammplatz auf der Roten Liste, *Frankfurter Rundschau*, 27.12.2016, https://www.fr.de/wissen/stammplatz-roten-liste-11046541.html

Thomas Wedig: Feldhamster leben in vielen Börde-Gärten, *Hildesheimer Allgemeine*, 17.05.2018, https://www.hildesheimer-allgemeine.de/news/article/feldhamster-leben-in-vielen-boerde-gaerten.html

Christina Wittich: Vertreibung aus den Paradiesen, *Sächsische Zeitung*, 08.11.2011

Ulrich Weinhold: Untersuchungen zum Vorkommen des Feldhamsters, *Institut für Faunistik*, 1993, https://www.researchgate.net/publication/273767387_Untersuchungen_zum_Vorkommen_des_Feldhamsters_Cricetus_cricetus_L_1758_im_Raum_Mannheim-Heidelberg

Feldhamster als Stadtbewohner, *Stadt Wien*, https://www.wien.gv.at/umweltschutz/naturschutz/biotop/feldhamster.html

Star

Cord Riechelmann: Europäischer Star, *Frankfurter Allgemeine Sonntagszeitung*, 01.05.2016

Wolfgang Fuhrmann: Lass mich wie dein Handy zwitschern, *Berliner Zeitung*, 03.09.2004

Bernd Brunner, Tania Greiner: Bekämpft mit Gift, Sprengstoff und Laserstrahlen, *Süddeutsche Zeitung*, 07.12.2013, https://www.sueddeutsche.de/wissen/voegel-als-schaedlinge-ungeliebter-star-1.1837371-2

Dorothee Menhart: Kunstflieger über dem Berliner Dom, *Berliner Zeitung*, 07.09.2004, https://www.berliner-zeitung.de/was-forscher-ueber-das-verhalten-von-staren-in-schwaermen-und-ueber-ihre-musikalische-begabung-wissen-kunstflieger-ueber-dem-berliner-dom-15693734

Imitationstalent und Formationskünstler, Naturschutzbund Deutschland e.V., https://www.nabu.de/tiere-und-pflanzen/aktionen-und-projekte/vogel-des-jahres/star/index.html

Wildschwein

Stefan Jacobs: Leidet Berlin wirklich unter einer außergewöhnlichen Wildschweinplage?, *Der Tagespiegel*, 10.12.2017, https://www.tagesspiegel.de/berlin/wildtiere-in-berlin-brandenburg-leidet-berlin-wirklich-unter-einer-aussergewoehnlichen-wildschweinplage/20691872.html

Hannes Heine: Wildschweine auf dem Vormarsch, *Neues Deutschland*, 31.05.2003, https://www.neues-deutschland.de/artikel/36275.wildschweine-auf-dem-vormarsch.html

Michael Brake: Mitte Animal, *Fluter*, 05.10.2015, https://www.fluter.de/mitte-animal

Cord Riechelmann: *Wilde Tiere in der Großstadt*, Nicolaische Verlagsbuchhandlung, Berlin 2004

Aktuelle Jagdbilanz: 589.417 Wildschweine bundesweit erlegt, *Deutscher Jagdverband*, https://www.jagdverband.de/content/aktuelle-jagdbilanz-589417-wildschweine-bundesweit-erlegt

Thomas Burmester: Füchse im Park, Wildschweine im Supermarkt, *Der Spiegel*, 17.01.2018, https://www.spiegel.de/wissenschaft/natur/wildtiere-breiten-sich-in-staedten-aus-wildschweine-im-supermarkt-a-1188365.html

Wildschwein-Alarm auf dem Hertha-Platz, *Berliner Zeitung*, 03.09.2009, https://www.bz-berlin.de/artikel-archiv/wildschwein-alarm-auf-dem-hertha-platz

BILDNACHWEIS

S. 10: shutterstock/PhotochechCZ; S. 11: Staiger Holzbau, Weilen u.d.R.; S. 12: imago images/blickwinkel; S. 14: shutterstock/Kornienko Aleksey; S. 16: dpa/Imelda Delgadillo; S. 18: dpa/WILDLIFE/A.Rouse; S. 21: istockphoto/PaulaConnelly; S. 23: stadtwildtiere.ch/Tobias Reinhard; S. 26: dpa/Friso Gentsch; S. 29: dpa/Sporthotel Velen; S. 30: dpa/Kay Nietfeld; S. 32: Dreamstime/Tomatito26; S. 35: Zoologisches Forschungsmuseum Alexander Koenig/Dr. Katharina Schmidt-Loske; S. 38: imago images/Westend61; S. 41: istockphoto/wilpunt; S. 43: Dreamstime/Yng Yng Lau Layton; S. 46: Dreamstime/Sirio Carnevalino; S. 49: imago images/Imagebroker; S. 50: istockphoto/Christine Eiserfey; S. 52: istockphoto/schnuddel; S. 54: Dreamstime/Natalia Bachkova; S. 56: Dreamstime/Rudmer Zwerver; S. 58: shutterstock/OgnjenO; S. 60: Dreamstime/Katrin May; S. 61: istockphoto/Entwicklungsknecht; S. 63: Dreamstime/Yorozu Kitamura; S. 64: Dreamstime/Harry Collins; S. 66: Alamy Stock Foto/Nature Picture Library; S. 68: Dreamstime/Agami Photo Agency; S. 70: Dreamstime/Matthijs Kuijpers; S. 72: imago images/Nature Picture Library; S. 75: Wikipedia/Zwiegel (CC BY-SA 3.0); S. 78: Dreamstime/Michal Bednarek; S. 80: Wikipedia/PRA (CC BY 2.5); S. 82: istockphoto/evgeny_pylayev; S. 84: imago images/blickwinkel; S. 87: Dreamstime/Ondřej Prosický; S. 88: shutterstock/laranik; S. 91: imago images/PEMAX; S. 92: Arco/Sam Hobson; S. 95: Axel Krohn; S. 96: istockphoto/ricul; S. 98: shutterstock/Andy G. Alexandru; S. 100: Wolfgang Stürzbecher; S. 102: shutterstock/Chase Dekker; S. 104: shutterstock/Thomas Reicher; S. 106: istockphoto/JayLazarin; S. 108: imago images/Imagebroker Barbara Boensch; S. 110: imago images/blickwinkel; S. 112: istockphoto/andhal; S. 114: shutterstock/VAV; S: 115: Wikipedia/Per Harald Olsen (CC BY-SA 3.0); S. 116: shutterstock/Mino Surkala; S. 118: shutterstock/Dilomski; S. 121: imago images/blickwinkel; S. 122: Dreamstime/Kostya Pazyuk; S. 124: shutterstock/Florian Bott; S. 127: shutterstock/Holger Kirk; S. 128: Okapia/Paulo de Oliveira; S. 131: Alamy Stock Foto/Biosphoto; S. 132: dpa/Isabell Scheuplein; S. 134: Dreamstime/Rostislav Stefanek; S. 136: Dreamstime/Jennifer Thompson; S. 139: stadtwildtiere.ch/John Vega; S. 140: dpa/WILDLIFE/G.Delpho; S. 143: dpa/Franz-Peter Tschauner; S. 146: shutterstock/Romeo Ninov; S. 148: dpa/WILDLIFE/C.Gomersall; S. 149: Dreamstime/Vasiliy Vishnevskiy; S. 152: shutterstock/ArtMediaFactory; S. 154: istockphoto/Andyworks; S. 155: imago images/blickwinkel; S. 158: istockphoto/k009034; S. 161: dpa/Polizei Großburgwedel; S. 162: istockphoto/Gorpenyuk; S. 164: Dreamstime/Tilltibet; S. 166: istockphoto/KenCanning; S. 169: TSC in Hannover; S. 172: shutterstock/Thodeti surendar; S. 175: shutterstock/serkanalay
; S. 176: Dreamstime/Marcouliana; S. 178: stockphoto/cookelma
; S. 180: imago images/blickwinkel; S. 183: shutterstock/Lisa S.; S. 184: istockphoto/c_taylor; S. 186: istockphoto/Henrik_L; S. 189: shutterstock/Frantisek Dulik; S. 190: shutterstock/schankz; S. 192: istockphoto/fotocelia; S. 195: dpa/Bernd Settnik; S. 196: shutterstock/Marc Scharping; S. 198: Wolfgang

Stürzbecher; S. 199: shutterstock/Mark Simms; S. 202: shutterstock/Konstantin Tronin; S. 205: istockphoto/fotogaby; S. 206: istockphoto/MikeLane45; S. 208: Wolfgang Stürzbecher; S. 210: imago images/blickwinkel; S. 212: istockphoto/warren farnell; S. 214: shutterstock/Michal Hykel; S. 216: Dreamstime/Ryhor Bruyeu; S. 218: shutterstock/Ian Duffield; S. 221: imago images/blickwinkel; S. 222: Dreamstime/Zagrosti; S. 225: imago images/blickwinkel; S. 228: Dreamstime/Agami Photo Agency; S. 230: Dreamstime/Manfredxy; S. 234: shutterstock/Randy van Domselaar; S. 237: Wolfgang Stürzbecher